普通高等教育应用型本科创新教材

Soil Test
and In-situ Test

土工试验与原位测试

主　编　温淑莲

副主编　张庆洪　葛颜慧
　　　　张建国　姜春林

人民交通出版社股份有限公司
China Communications Press Co.,Ltd.

内 容 提 要

　　本书为"土力学"课程的试验教学教材,主要包括土的室内试验与现场原位测试两部分,其中土工试验包括土的物理性质、土的水理性质、土的力学性质和土的特殊性质四部分内容;原位测试主要介绍岩土工程原位测试技术,每个试验测试项目均详细介绍试验操作步骤及结果整理方法,且增加了工程应用方面的内容。

　　本书体系完整,内容简洁,具有很好的操作性和实践性,既可作为土木工程、地下工程、港航工程等专业的试验教学用书,也可供从事岩土工程勘察、设计和试验的技术人员参考。

图书在版编目(CIP)数据

　　土工试验与原位测试 / 温淑莲主编. — 北京 : 人民交通出版社股份有限公司, 2019.1

　　ISBN 978-7-114-13493-7

　　Ⅰ. ①土… Ⅱ. ①温… Ⅲ. ①土工试验②土体—原位试验 Ⅳ. ①TU41②TU43

　　中国版本图书馆 CIP 数据核字(2019)第 016720 号

书　　　名	土工试验与原位测试
著　作　者	温淑莲
责任编辑	李　坤　卢　珊
责任校对	赵媛媛
责任印制	张　凯
出版发行	人民交通出版社股份有限公司
地　　　址	(100011)北京市朝阳区安定门外外馆斜街 3 号
网　　　址	http://www.ccpress.com.cn
销售电话	(010)59757973
总　经　销	人民交通出版社股份有限公司发行部
经　　　销	各地新华书店
印　　　刷	北京印匠彩色印刷有限公司
开　　　本	787×1092　1/16
印　　　张	12.5
字　　　数	290 千
版　　　次	2019 年 1 月　第 1 版
印　　　次	2019 年 1 月　第 1 次印刷
书　　　号	ISBN 978-7-114-13493-7
定　　　价	36.00 元

前　言

　　土工试验与原位测试是岩土工程、地质工程的重要工作内容之一。近 20 年来,随着我国土木工程的发展,大量高层建筑、高等级公路以及机场、铁路、隧道等的兴建,有力地促进了土工试验与原位测试技术的进步,产生了许多成果,需要加以归纳总结和提高,以适应技术进一步发展的要求。而工程项目及相关技术都与它们赖以存在的岩土体有着密切的关系。我国地域辽阔,自然地理环境各不相同,岩土体的种类繁多,其物理性质与工程性质也千变万化,因此,如何正确测定岩土体的物理性质与工程性质,并提供可靠的参数指标,是工程项目建设首要解决的问题,它往往决定着工程项目建设成功与否。

　　本书是为配合高等院校进行土工试验与原位测试教学而编写的试验用书。书中反映了作者多年的教学心得以及实践经验。根据土工试验和原位测试的特点,本书强调指导性和实用性,力求详细、易懂和完整,每个试验和测试项目不仅有试验测试原理,更有详尽的操作步骤,便于学生开展和完成土工试验和原位测试的操作流程。

　　本书系统地介绍了土工试验与原位测试的基本原理、试验仪器及测试方法,主要包括:绪论、土的物理性质试验、土的水理性质试验、土的力学性质试验、土的特殊性质试验以及原位测试。

　　本书由山东交通学院教师编写,其中绪论、第五章由温淑莲编写,第一章由张建国编写,第二章由姜春林编写,第三章由葛颜慧编写,第四章由张庆洪编写。

　　本书在编写过程中,引用了许多专家、学者在教学、科研、试验和原位测试中积累的资料,以及有关规范、规程条文,在此一并表示感谢。

　　本书主要作为高等院校土木工程、地下工程、港航工程、地质工程等专业的试验教学用书,也可供从事岩土工程设计、勘察和试验的技术人员参考。

　　限于作者水平,书中难免存在不当之处,恳请读者批评指正。

编　者

目　　录

绪论 ……………………………………………………………………………………… 1

第一章　土的物理性质试验 ………………………………………………………… 3

第一节　含水率试验 ………………………………………………………………… 3

第二节　密度试验 …………………………………………………………………… 7

第三节　土的比重试验 ……………………………………………………………… 18

第四节　颗粒分析试验 ……………………………………………………………… 25

第五节　界限含水率试验 …………………………………………………………… 34

第二章　土的水理性质试验 ………………………………………………………… 42

第一节　土的渗透性 ………………………………………………………………… 42

第二节　常水头渗透试验 …………………………………………………………… 42

第三节　变水头渗透试验 …………………………………………………………… 47

第四节　湿化试验 …………………………………………………………………… 49

第三章　土的力学性质试验 ………………………………………………………… 51

第一节　土的压缩性试验 …………………………………………………………… 51

第二节　土的击实试验 ……………………………………………………………… 60

第三节　土的承载比（CBR）试验 ………………………………………………… 65

第四节　土的直接剪切试验 ………………………………………………………… 72

第五节　土的三轴压缩试验 ………………………………………………………… 80

第六节　土的无侧限抗压强度试验 ………………………………………………… 96

第四章　土的特殊性质试验 ………………………………………………………… 100

第一节　黄土湿陷试验 ……………………………………………………………… 100

第二节　土的膨胀性试验 …………………………………………………………… 112

第三节　冻土试验 …………………………………………………………………… 122

第五章　原位测试 …………………………………………………………………… 135

第一节　载荷试验 …………………………………………………………………… 135

第二节　静力触探试验 ……………………………………………………………… 141

第三节　圆锥动力触探试验 ………………………………………………………… 151

第四节　标准贯入试验 ……………………………………………………………… 159

第五节　十字板剪切试验 …………………………………………………… 165

第六节　旁压试验 …………………………………………………………… 172

第七节　波速测试 …………………………………………………………… 179

参考文献 ………………………………………………………………………… 194

绪 论

一、土工试验与原位测试的作用

土体是自然界的产物,其形成过程、物质成分以及工程特性是极为复杂的,并且随受力状态、应力历史、加载速率和排水条件等的不同而变得更加复杂。所以,在进行各类工程项目设计和施工之前,必须对工程项目所在场地的土体进行土工试验及原位测试,以充分了解和掌握岩土的物理和力学性质,从而为现场岩土工程条件的正确评价提供必要的依据。

土工试验是对岩土试样进行测试,并获得岩土的物理性质指标、力学性质指标、渗透性指标以及特殊性质指标等的试验工作,从而为工程设计与施工提供参数,是正确评价工程地质条件不可缺少的依据。

所有的工程建设项目,包括高层建筑、高速公路、机场、铁路、隧道等的建设,都与它们赖以存在的岩土体有着密切的关系,在很大程度上取决于岩土体能否提供足够的承载力,取决于工程结构不至于遭受超过允许的地基沉降和差异变形等,而地基承载力和地基变形计算中的参数又主要是土工试验来确定的,因此,土工试验对于各类工程项目建设是不可缺少的。

原位测试是指在保持岩土体天然结构、天然含水率以及天然应力状态的条件下,测试岩土体在原有位置上的工程性质的测试手段,原位测试不仅是岩土工程勘察的重要组成部分,而且还是岩土工程施工质量检验的主要手段。

采用原位测试方法对岩土体的工程性质进行测定,可不经钻孔取样,直接在原位测定岩土体的工程性质,从而可避免取土扰动和取土卸荷回弹等对试验结果的影响。它的试验结果可以直接反应原位土层的物理力学性状。某些不易采取原状土样的土层(如深层的砂)只能采用原位测试的方法,原位测试还可在较大范围内测试岩土体,故其测试结果更具有代表性,并可在现场重复进行验证。目前,各种原位测试方法已受到越来越广泛的重视和应用,并向多功能和综合测试方面发展。

二、土工试验与原位测试对比

室内试验与原位测试的对比如表 0-1 所示。

室内试验与原位测试对比 表 0-1

试 验 类 别	原 位 测 试	室 内 试 验
试验对象	1. 测定土体范围大,能反映微观、宏观结构对土性的影响,代表性好; 2. 测试土体边界条件不明显; 3. 测试设备进入土层对土有一定扰动; 4. 对难以取样的土层仍能试验; 5. 有的能给出连续的土性变化剖面,可用以确定分层界线	1. 试样尺寸小,不能反映宏观结构、非均质性对土性的影响,代表性差; 2. 试验土样边界条件明显; 3. 无法避免钻进取样对土样的扰动; 4. 对难以或无法取样的土层无法试验,只能人工制备土样进行试验; 5. 只能对有限的若干点取样,点间土样变化是推测的,土层界线不清楚

续上表

试 验 类 别	原 位 测 试	室 内 试 验
应力条件	1.基本上在原位应力条件下进行试验,但原位应力条件不是很明确; 2.试验应力路径无法很好控制; 3.排水条件不能很好控制; 4.试验时主应力方向与实际工程不一致	1.在明确、可控制的应力条件下进行试验; 2.试验应力路径可以预定; 3.可模拟实际工程的主应力方向进行试验
应变条件	应变场不均匀,应变速率大于实际	应变场均匀,应变速率可以控制
岩土参数	多建立在经验公式或半经验半理论公式的基础之上	可直接测定
试验周期	周期短,效率高	周期较长,效率较低

从表中可见,土工试验与原位测试的优缺点是互补的,它们是相辅相成的。

室内土工试验结果会由于试样扰动而受到影响,因此,在利用室内试验得出的岩土参数时必须小心对待。原位测试可避免取土扰动对试验结果的影响,但是,原位测试也有其难以克服的局限性:首先,原位测试的应力条件复杂,一般很难直观地测定岩土体的某个参数,因此在选择计算模型和确定边界条件时将不得不采取一些简化假设,由此引起的误差也可能使所得出的岩土体参数不能理想地表征实际土体的性状,特别是当原位测试中土体变形和破坏模型与实际工程不一致时,例如十字板剪切试验的剪切和破坏模式与土坡或地基的实际破坏形式是大相径庭的,事实上已有资料表明十字板剪切试验得出的强度高于室内无侧限压缩试验结果。其次,原位测试一般只能测定现场荷载条件下的岩土体参数,而无法预测荷载变化过程中的发展趋势。因此,对于岩土体参数的测定,仅仅依靠原位测试也是不行的。

关于对室内试验结果影响最大的取土扰动,现有的取土技术,已经足以使现场取土扰动的影响降到最小限度。目前,取土技术已经引起足够的重视,在软土中采用薄壁取土器可以取得质量最好的原状土,但是,由于其操作过于繁琐,在推广过程中遇到一定困难。至于取土时无法避免的应力释放引起的土样扰动,可采取室内再固结等方法予以减轻甚至消除。

三、土工试验与原位测试项目

室内土工试验大致可以分为以下4类。

(1)土的物理性质试验:包括土的含水率试验、密度试验、比重(相对密度)试验、颗粒分析试验、界限含水率试验。

(2)土的水理性质试验:土的渗透试验、湿化试验。

(3)土的力学性质试验:土的压缩试验、击实试验、承载比试验、直剪试验、三轴试验、无侧限抗压强度试验。

(4)土的特殊性质试验:黄土湿陷试验、土的膨胀性试验、冻土试验、有机质试验等。

原位测试可分为定量方法和半定量方法。定量方法是指在理论上和方法上能形成完整体系的原位测试方法,例如,静力载荷试验、旁压试验、十字板剪切试验、渗透试验等;半定量方法是指由于试验条件限制或方法本身还不具备完整的理论用以指导试验,因此必须借助于某种经验或相关关系才能得出所需成果的原位测试方法,例如,静力触探试验、圆锥动力触探试验、标准贯入试验等。

第一章　土的物理性质试验

　　土是由三相组成的体系,土的物理性质主要讨论土的物质组成以及定性、定量描述其物质组成的方法,包括土的颗粒特征,土的三相比例指标,黏质土的界限含水率以及砂土的密实度等。这些土的物理性质需要一定的指标表示,而土的物理性质指标的数值需要通过土工试验进行测定,具体试验包括:土的颗粒分析试验、含水率试验、密度试验、土的颗粒比重(相对密度)试验、界限含水率试验等。

第一节　含水率试验

一、概述

　　土的含水率是试样在105～110℃下烘至恒量时,所失去的水的质量与干土质量的比值,用百分数表示。含水率是土的基本物理性质指标之一,也是土的实测指标之一。它反映土的状态,它的变化将使土的一系列物理力学性质随之变化。这种影响表现在各个方面:反映在土的稠度方面,使土成为坚硬的、可塑的或流动的;反映在土内水分的饱和程度方面,使土成为稍湿、很湿或饱和的;反映在土的力学性质方面,能使土的结构强度增加或减少、紧密或疏松,造成压缩性及稳定性的变化。因此,土的含水率是研究土的物理力学性质必不可少的一项指标。含水率还是计算土的干密度、孔隙比、饱和度、液性指数等项指标的依据。同时,土的含水率也是土工建筑物施工质量控制的依据,例如在路堤、土坝等施工中为控制土的最大且经济的压实程度,必须事先了解土的含水率与密度的关系。

　　测定土中含水率相对大小的具体数值,以了解土中含水情况,说明土的干湿程度,为工程设计和施工提供指标。

二、试验方法

　　目前测定含水率的方法有烘干法、酒精燃烧法、比重法等,其中以烘干法为室内试验的标准方法。

(一)烘干法

　　1. 目的和适用范围

　　烘干法试验适用于测定黏质土、粉质土、砂类土、砂砾土、有机质土和冻土体类的含水率。

　　2. 仪器设备

　　(1)烘箱:可采用电热烘箱或温度能保持105～110℃的其他能源烘箱。

　　(2)天平:称量200g,感量0.01g;称量1000g,感量0.1g。

(3)其他:干燥器,称量盒[为简化计算手续,可将盒质量定期(3~6个月)调整为恒质量值]等。

3.试验步骤

(1)取具有代表性试样,细粒土15~30g,砂类土、有机质土为50g,砂砾土为1~2kg,放入称量盒内,立即盖好盒盖,称质量。称量时,可在天平一端放上与该称量盒等质量的砝码,移动天平游码,平衡后称量结果减去称量盒质量即为湿土质量。

(2)揭开盒盖,将试样和盒放入烘箱内,在温度105~110℃恒温下烘干。烘干时间对细粒土不得少于8h,对砂类土不得少于6h。对含有机质超过5%的土或含石膏的土,应将温度控制在60~70℃的恒温下,干燥12~15h为好。

(3)将烘干后的试样和盒取出,放入干燥器内冷却(一般只需0.5~1h即可)。冷却后盖好盒盖,称质量,精确至0.01g。

4.试验记录

试验记录见表1-1。

含水率试验记录(烘干法) 表1-1

工程编号_____　　　　试验者_____

土样说明_____　　　　计算者_____

试验日期_____　　　　校核者_____

名　称	代　号	盒　号			
		1	2	3	4
盒质量(g)	(1)				
盒+湿土质量(g)	(2)				
盒+干土质量(g)	(3)				
水分质量(g)	(4)=(2)-(3)				
干土质量(g)	(5)=(3)-(1)				
含水率(%)	$(6)=\dfrac{(4)}{(5)}$				
平均含水率(%)	(7)				

5.结果整理

按下式计算含水率:

$$w = \frac{m - m_\mathrm{s}}{m_\mathrm{s}} \times 100 \tag{1-1}$$

式中:w——含水率(%),计算至0.1;

　　m——湿土质量(g);

　　m_s——干土质量(g)。

6.精密度与允许差

本试验需进行两次平行测定,取其算术平均值,允许平行差值应符合表1-2规定。

含水率测定的允许平行差值 表1-2

含水率(%)	允许平行差值(%)
5 以下	0.3
40 以下	≤1
40 以上	≤2

注:对于层状和网状构造的冻土,允许平行差值<3%。

7.试验说明

(1)含水率是土的基本物理指标之一,它反映土的状态,它的变化将使土的一系列力学性质随之改变;它又是计算土的干密度、孔隙比、饱和度等项指标的依据,是土工构筑物施工质量的重要指标。鉴于目前国内各行业和国家标准将含水量改名为含水率,因此,本标准也改为含水率。含水率试验的烘干法精度高,应用广。

(2)烘干法一般采用能保持恒温的电热烘箱。

(3)鉴于目前国内外主要土工试验标准多数以 105 ~ 110℃ 为标准,故规定烘干温度为105 ~ 110℃。

试样烘至恒量所需的时间与土类及取土数量有关。本试验规定土量为15 ~ 30g,对砂类土宜烘 6 ~ 8h,黏质土宜烘 8 ~ 10h。砂类土、砾类土因持水性差,颗粒大小相差悬殊,水分变化大,所以试样应多取一些,本试验取 50g。对有机质含量超过 5% 的土,因土质不均匀,采用烘干法时,除注明有机质含量外,也应取 50g。

有机质土在 105 ~ 110℃ 温度下经长时间烘干后,有机质特别是腐殖酸会在烘干过程中逐渐分解而不断损失,使测得的含水率比实际的含水率大,土中有机质含量越高,误差越大。故对有机质含量超过 5% 的土,应在 60 ~ 70℃ 的恒温下进行烘干。

某些含有石膏的土在烘干时会损失其结晶水,用此方法测定其含水率有影响。每1%的石膏对含水率的影响约为0.2%。如果土中有石膏,则试样应该在不超过80℃的温度下烘干,并可能要烘更长的时间。

(二)酒精燃烧法

1.目的和适用范围

酒精燃烧法试验适用于快速简易测定细粒土(含有机质的土除外)的含水率。

2.仪器设备

(1)称量盒。

(2)天平:称量200g,感量 0.01g;称量 1000g,感量 0.1g。

(3)酒精:纯度95%。

(4)滴管、火柴、调土刀。

3.试验步骤

(1)取代表性试样(黏质土 5 ~ 10g,砂类土 20 ~ 30g),放入称量盒内,称湿土质量 m,准确至0.01g。

(2)用滴管将酒精注入放有试样的称量盒中,直至盒中出现自由液面为止。为使酒精在试样中充分混合均匀,可将盒底在桌面上轻轻敲击。

(3)点燃盒中酒精,燃至火焰熄灭。

(4)将试样冷却数分钟,重新燃烧两次。

(5)待第三次火焰熄灭后,盖好盒盖,立即称干土质量 m_s,精确至 $0.01g$。

4. 试验记录

同烘干法记录表(表1-1)。

5. 结果整理

按式(1-1)计算含水率:

$$w = \frac{m - m_s}{m_s} \times 100$$

6. 精密度与允许差

本试验需进行两次平行测定,取其算术平均值,允许平行差值应符合表1-2的规定。

7. 注意事项

(1)在试样中加入酒精,利用酒精在土上燃烧,使土中水分蒸发,将土样烘干,是快速简易测定且较准确的方法之一;适用于在没有烘箱或土样较少的条件下,对细粒土进行含水率测定。

(2)酒精纯度要求达95%。

(3)取代表性试样时,砂类土数量应多于黏质土。

(三)比重法

1. 目的和适用范围

本试验方法仅适用于砂类土。

2. 仪器设备

(1)玻璃瓶:容积500mL以上。

(2)天平:称量1000g,最小分度值0.5g。

(3)其他:漏斗、小勺、吸水球、玻璃片、土样盘及玻璃棒等。

3. 试验步骤

(1)称取代表性砂类土试样200~300g,放入土样盘中。

(2)向玻璃瓶中注入清水至1/3左右,然后通过漏斗将土样盘中试样倒入瓶中,并用玻璃棒搅拌1~2min,直到试样内所含气体完全排出为止。

(3)向玻璃瓶中加清水至瓶内容积全部充满,静置1min后用吸水球吸去瓶中的泡沫,然后再加清水至瓶内容器全部充满,盖上玻璃片,将瓶外壁擦干净,称盛满混合液的玻璃瓶质量,精确至0.5g。

(4)将玻璃瓶中的混合液全部倒去,并将玻璃瓶洗干净,然后再向玻璃瓶中加清水至瓶内容积全部充满,盖上玻璃片,将瓶外壁擦干,称盛满清水的玻璃瓶质量,精确至0.5g。

4. 试验记录

试验记录见表1-3。

含水率试验记录（比重法）　　　　　　　　　　　表 1-3

土样编号	瓶　号	湿土质量（g）	瓶、水、土、玻璃片总质量（g）	瓶、水、玻璃片总质量（g）	土样比重	含水率（%）	平均值（%）

5. 结果整理

试样的含水率应按下式计算（精确至 0.1%）：

$$w = \left[\frac{m(G_s - 1)}{G_s(m_1 - m_2)} - 1 \right] \times 100 \tag{1-2}$$

式中：w ——砂类土的含水率（%），计算至 0.1；

m ——湿土质量（g）；

m_1 ——瓶、水、土、玻璃片总质量（g）；

m_2 ——瓶、水、玻璃片总质量（g）；

G_s ——砂类土的比重。

6. 精密度与允许差

本试验必须对两个试样进行平行测定，并取其算术平均值，允许平行差值同表 1-2。

7. 试验说明

（1）通过本法试验，测定湿土体积，估计土粒比重，间接计算土的含水率。由于试验时没有考虑温度的影响，所得结果准确度较差。土内气体能否充分排出，直接影响试验结果的精度，故比重法仅适用于砂类土。

（2）本试验需用的主要设备为容积为 500mL 以上的玻璃瓶。

（3）土样倒入未盛满水的玻璃瓶中后，用玻璃棒充分搅拌悬液，使空气完全排出，因土内气体能否充分排出会直接影响试验结果的精度。

第二节　密　度　试　验

一、概述

土的密度 ρ 是指土的单位体积质量，是土的基本物理性质指标之一，也是土的实测指标之一，用于了解土体内部结构的密实情况。用此指标可以换算土的干密度、孔隙比、孔隙率及饱和度等指标。土在天然状态下的密度称为天然密度。所谓天然状态有两个方面的含义：其一是保持土的原始结构，也就是颗粒排列的相对位置未经扰动；其二是保持原有的水分。土的密度取决于土粒的密度、孔隙体积的大小和孔隙中水的质量多少，它综合反映了土的物质组成和结构特征。当结构密实时，一定物质成分的单位体积土中固相质量较大，土的密度值就大，当土的结构较疏松时，其值较小。在结构相同的情况下，土的天然密度值随孔隙中水分含量的增减而增减。工程中常以重度值来表示。由土的质量产生的单位体积的重

力称为重力密度 γ，简称重度，单位是 kN/m^3。重度由密度值乘重力加速度 g 求得，即 $\gamma = \rho g$。重度是挡土墙土压力计算、人工及天然斜坡稳定设计和验算、地基承载力以及沉降计算的重要指标。

土的密度一般是指土的天然密度即湿密度 ρ，相应的重度称为天然重度 γ，除此以外，还有土的干密度 ρ_d、饱和密度 ρ_{sat}，相应的有干重度 γ_d、饱和重度 γ_{sat} 以及有效重度 γ'。

二、试验方法

土的密度试验是分别测量试样质量及其体积，然后计算土的密度。质量一般采用一定精度的天平测定。但测定土体积的方法和技术却因土质条件和试验状态的不同，而选用不同的方法。对于细粒土，宜采用环刀法；对于易碎裂、难以切削的土，可采用蜡封法；对于现场粗粒土，可采用灌砂法或灌水法。

(一)环刀法

1. 目的和适用范围

本方法适用于细粒土。

2. 仪器设备

(1)环刀：内径 6~8cm，高 2~5.4cm，壁厚 1.5~2.2mm。

(2)天平：感量 0.1g。

(3)其他：修土刀、钢丝锯、凡士林等。

3. 试验步骤

(1)按工程需要取原状土或制备所需状态的搅动土样，整平两端，环刀内壁涂一薄层凡士林，刀口向下放在土样上。

(2)用修土刀或钢丝锯将土样上部削成略大于环刀直径的土柱，然后将环刀垂直下压，边压边削，至土样伸出环刀上部为止。削去两端余土，使土样与环刀口面齐平，并用剩余土样测定含水率。

(3)擦净环刀外壁，称环刀与土总质量 m_1，精确至 0.1g。

4. 试验记录

试验记录见表1-4。

密度试验记录(环刀法)　　　　　　　　　表1-4

工程编号＿＿＿＿＿＿＿＿＿　　　　　　试验者＿＿＿＿＿＿＿＿＿

土样说明＿＿＿＿＿＿＿＿＿　　　　　　计算者＿＿＿＿＿＿＿＿＿

试验日期＿＿＿＿＿＿＿＿＿　　　　　　校核者＿＿＿＿＿＿＿＿＿

土样编号			1		2		3	
环刀号			1	2	1	2	1	2
环刀容积(cm^3)	(1)							
环刀质量(g)	(2)							
土＋环刀质量(g)	(3)							
土样质量(g)	(4)	(3)－(2)						

续上表

土样编号			1		2		3	
环刀号			1	2	1	2	1	2
湿密度(g/cm³)	(5)	$\dfrac{(4)}{(1)}$						
含水率(%)	(6)							
干密度(g/cm³)	(7)	$\dfrac{(5)}{1+0.01(6)}$						
平均干密度(g/cm³)	(8)							

5. 结果整理

土样密度按下式计算:

$$\rho = \frac{m_1 - m_2}{V} \tag{1-3}$$

$$\rho_d = \frac{\rho}{1 + 0.01w} \tag{1-4}$$

式中:ρ ——湿密度(g/cm³),精确至0.01;

m_1 ——环刀与土总质量(g);

m_2 ——环刀质量(g);

V ——环刀体积(cm³);

ρ_d ——干密度(g/cm³),精确至0.01;

w ——含水率(%)。

6. 精密度和允许差

本试验需进行两次平行测定,取其算术平均值,其平行差值不得大于0.03g/cm³。

7. 试验说明

(1)密度是土的基本物理性指标之一,用它可以换算土的干密度、孔隙比、孔隙率、饱和度等指标。无论在室内试验或野外勘察以及施工质量控制中,均需测定密度。

环刀法只能用于测定不含砾石颗粒的细粒土的密度。环刀法操作简便而准确,在室内和野外普遍采用。

(2)在室内做密度试验,考虑到与剪切、固结等项试验所用环刀相配合,规定室内环刀容积60~150cm³,施工现场检查填土压实度时,由于每层土压实度上下不均匀,为提高试验结果的精度,可增大环刀的容积,一般采用环刀容积为200~500cm³。

环刀高度与直径之比,对试验结果是有影响的。根据钻探机具、取土器的筒高和直径的大小,确定室内试验使用的环刀直径为6~8cm,高2~3cm;野外采用的环刀规格尚不统一,径高比一般以1~1.5为宜。

环刀壁越厚,压入时土样扰动程度也越大,所以环刀壁越薄越好。但环刀压入土中时,要承受相当的压力,壁过薄,环刀容易破损和变形。因此,建议壁厚一般用1.5~2mm。

(3)根据工程实际需要,采取原状土或制备所需状态的扰动土。

（二）蜡封法

1. 适用范围

本方法适用于易破裂土和形态不规则的坚硬土。

2. 仪器设备

（1）天平：感量 0.01g。

（2）烧杯、细线、石蜡、针、削土刀等。

3. 试验步骤

（1）用削土刀切取体积大于 30cm³ 的试件，削除试件表面的松、浮土以及尖锐棱角，在天平上称量，精确至 0.01g。取代表性土样进行含水率测定。

（2）待石蜡加热至刚过熔点，用细线系住试件浸入石蜡中，使试件表面覆盖一薄层严密的石蜡。若试件蜡膜上有气泡，需用热针刺破气泡，再用石蜡填充针孔，涂平孔口。

（3）待冷却后，将蜡封试件在天平上称量，精确至 0.01g。

（4）用细线将蜡封试件置于天平一端，使其浸浮在盛有蒸馏水的烧杯中，注意试件不要接触烧杯壁，称蜡封试件的水下质量，精确至 0.01g，并测量蒸馏水的温度。

（5）将蜡封试件从水中取出，擦干石蜡表面水分，在空气中称其质量。将其与步骤（3）中所称质量相比：若质量增加，表示水分进入试件中；若浸入水分质量超过 0.03g，应重做。

4. 试验记录

试验记录见表 1-5。

密度试验记录（蜡封法）　　　　　　　　表 1-5

工程编号＿＿＿＿＿＿＿＿＿＿　　　　　　试验者＿＿＿＿＿＿＿＿＿＿

土样说明＿＿＿＿＿＿＿＿＿＿　　　　　　计算者＿＿＿＿＿＿＿＿＿＿

试验日期＿＿＿＿＿＿＿＿＿＿　　　　　　校核者＿＿＿＿＿＿＿＿＿＿

土样编号	试件质量（g）	蜡封试件质量（g）	蜡封试件水中质量（g）	温度（℃）	水的密度（g/cm³）	蜡封试件体积（cm³）	蜡体积（cm³）	试件体积（cm³）	湿密度（g/cm³）
	（1）	（2）	（3）		（4）	（5）	（6）	（7）	（8）
						$\dfrac{(2)-(3)}{(4)}$	$\dfrac{(2)-(1)}{\rho_{\text{n}}}$	(5)-(6)	$\dfrac{(1)}{(7)}$
平均									

5. 结果整理

土样密度按以下公式计算：

$$\rho = \frac{m}{\dfrac{m_1 - m_2}{\rho_{\text{wt}}} - \dfrac{m_1 - m}{\rho_{\text{n}}}} \tag{1-5}$$

$$\rho_{\text{d}} = \frac{\rho}{1 + 0.01w}$$

式中：ρ ——土的湿密度（g/cm³），精确至 0.01；

ρ_d——土的干密度(g/cm^3),精确至0.01;

m——试件质量(g);

m_1——蜡封试件质量(g);

m_2——蜡封试件水中质量(g);

ρ_{wt}——蒸馏水在$t(℃)$时密度(g/cm^3),精确至0.001;

ρ_n——石蜡密度(g/cm^3),应事先实测,精确至$0.01g/cm^3$,一般可采用$0.92g/cm^3$;

w——含水率(%)。

6. 精密度和允许差

本试验需进行两次平行测定,取其算术平均值,其平行差值不得大于$0.03g/cm^3$。

7. 试验说明

(1)不能用环刀切削的坚硬易碎、含有粗粒、形状不规则的土,可用蜡封法测定密度。

(2)蜡封试样在水中的质量,系指试样在水中的重力与浮力之差,蜡封试样的质量和蜡封试样在纯水中的质量之差,与纯水在$t(℃)$时的密度的比值,即为蜡封试样的体积,当再减去试样上蜡的体积之后,即得风干土样的体积。

密度试验中使用的石蜡,选用55号石蜡为宜,其密度以实测为准。如无条件实测,可采用其密度近似值$0.92g/cm^3$进行计算。测定石蜡的密度,应根据阿基米德原理,采用静水力学天平称量法或采用500~1000mL广口瓶比重法进行。

封蜡时,为避免易碎裂土的扰动和蜡封试样内气泡的产生,采用一次徐徐浸蜡方法。

(三)灌水法

1. 适用范围

本试验方法适用于现场测定粗粒土和巨粒土的密度。

2. 仪器设备

(1)座板:座板为中部开有圆孔,外沿呈方形或圆形的铁板,圆孔处设有环套,套孔的直径为土中所含最大石块粒径的3倍,环套的高度为其粒径的5%。

(2)薄膜:聚乙烯塑料薄膜。

(3)储水筒:直径应均匀,并附有刻度。

(4)台秤:称量50kg,感量5g。

(5)其他:铁镐、铁铲、水准仪等。

3. 试验步骤

(1)根据试样最大粒径宜按表1-6确定试坑尺寸。

试 坑 尺 寸　　　　　　　　　　　　　　　　表1-6

试样最大粒径	试 坑 尺 寸	
(mm)	直径(mm)	深度(mm)
5~20	150	200
40	200	250
60	250	300
200	800	1000

（2）按确定的试坑直径画出坑口轮廓线。将测点处的地表整平，地表的浮土、石块、杂物等应予清除，坑凹不平处用砂铺整。用水准仪检查地表是否水平。

（3）将座板固定于整平后的地表。将聚乙烯塑料膜沿环套内壁及地表紧贴铺好。记录储水筒初始水位高度，拧开储水筒的注水开关，从环套上方将水缓缓注入，至刚满不外溢为止。记录储水筒水位高度，计算座板部分的体积。在保持座板原固定状态下，将薄膜盛装的水排至对该试验不产生影响的场所，然后将薄膜揭离底板。

（4）在轮廓线内下挖至要求深度，将落于坑内的试样装入盛土容器内，并测定含水率。

（5）用挖掘工具沿座板上的孔挖试坑，为了使坑壁与塑料薄膜易于紧贴，对坑壁需加以整修。

将塑料薄膜沿坑底、坑壁密贴铺好。在往薄膜形成的袋内注水时，牵住薄膜的某一部位，一边拉松一边注水，使薄膜与坑壁间的空气得以排出，从而提高薄膜与坑壁的密贴程度。

（6）记录储水筒内初始水位高度，拧开储水筒的注水开关，将水缓缓注入塑料薄膜中。当水面接近环套的上边缘时，将水流调小，直至水面与环套上边缘齐平时关闭注水管，持续3～5min，记录储水筒内水位高度。

4. 试验记录

试验记录见表1-7。

密度试验记录（灌水法）　　　　　表1-7

工　程　名　称＿＿＿＿＿＿＿＿＿　　　　试　验　者＿＿＿＿＿＿＿＿＿

土　样　编　号＿＿＿＿＿＿＿＿＿　　　　计　算　者＿＿＿＿＿＿＿＿＿

试　坑　深　度＿＿＿＿＿＿＿＿＿　　　　校　核　者＿＿＿＿＿＿＿＿＿

试样最大粒径＿＿＿＿＿＿＿＿＿　　　　试　验　日　期＿＿＿＿＿＿＿＿＿

测点				1	2
座板部分注水前储水筒水位高度	h_1（cm）	(1)			
座板部分注水后储水筒水位高度	h_{02}（cm）	(2)			
储水筒断面积	A_w（cm³）	(3)			
座板部分容积	V_1（cm³）	(4)	$[(1)-(2)] \times (3)$		
试坑注水前储水筒水位高度	H_1（cm）	(5)			
试坑注水后储水筒水位高度	H_2（cm）	(6)			
试坑容积	V_p（cm³）	(7)	$[(5)-(6)] \times (3)-(4)$		
取自试坑内试样的质量	m_p（g）	(8)			
试验湿密度	ρ（g/cm³）	(9)	$\dfrac{(8)}{(7)}$		
细粒土部分含水率	w_f（%）	(10)			
石料部分含水率	w_c（%）	(11)			
细粒料干质量与全部干质量之比	p_f	(12)			
整体含水率	w（%）	(13)	$(10) \times (12) + (11) \times [1-(12)]$		
试样干密度	ρ_d（g/cm³）	(14)	$\dfrac{(9)}{1+w}$		

5. 精密度和允许差

灌水法密度试验应进行两次平行测定,两次测定的差值不得大于 0.03g/cm^3。

6. 结果整理

(1)细粒与石料应分开测定含水率,按下式求出整体的含水率:

$$w = w_\text{f} p_\text{f} + w_\text{c}(1 - p_\text{f}) \tag{1-6}$$

式中:w——整体含水率(%),精确至 0.01;

w_f——细粒土部分的含水率(%);

w_c——石料部分的含水率(%);

p_f——细粒料的干质量与全部材料干质量之比。

细粒料与石块的划分以粒径 60mm 为界。

(2)按下式计算座板部分的容积:

$$V_1 = (h_1 - h_2) A_\text{w} \tag{1-7}$$

式中:V_1——座板部分的容积(cm^3),精确至 0.01;

A_w——储水筒截面积(cm^2);

h_1——储水筒内初始水位高度(cm);

h_2——储水筒内注水终了时水位高度(cm)。

(3)按下式计算试坑容积:

$$V_\text{p} = (H_1 - H_2) A_\text{w} - V_1 \tag{1-8}$$

式中:V_p——试坑容积(cm^3),精确至 0.01;

H_1——储水筒内初始水位高度(cm);

H_2——储水筒内注水终了时水位高度(cm);

A_w——储水筒断面积(cm^2);

V_1——座板部分的容积(cm^3)。

(4)按下式计算试样湿密度:

$$\rho = \frac{m_\text{p}}{V_\text{p}} \tag{1-9}$$

式中:ρ——试样湿密度(g/cm^3),精确至 0.01;

m_p——取自试坑内的试样质量(g)。

7. 试验说明

(1)本试验方法适用于现场测定粗粒土和巨粒土特别是后者的密度,从而可为粗粒土和巨粒土最大干密度试验(表面振动压实仪法和振动台法)提供施工现场检验密实度的手段。

(2)以往试验规程中使用的橡皮囊,尚无定型产品。本试验采用聚氯乙烯塑料薄膜。

(3)按试样最大粒径确定试坑尺寸,试验规定试样最大粒径为 200mm,一般情况下,可以满足现场检验巨粒土密度的要求。

(4)日本灌水法密度试验分开测定细粒料与石料的含水率,这样更符合实际,故本试验采用了这种方法。

(四)灌砂法

1.适用范围

本试验法适用于现场测定细粒土、砂类土和砾类土的密度。试样的最大粒径一般不得超过15mm,测定密度层的厚度为150～200mm。

注: 在测定细粒土的密度时,可以采用100mm的小型灌砂筒;如最大粒径超过15mm,则应相应地增大灌砂筒和标定罐的尺寸,例如,粒径达40～60mm的粗粒土,灌砂筒和现场试洞的直径应为150～200mm。

2.仪器设备

(1)灌砂筒:金属圆筒(可用白铁皮制作)的内径为100mm,总高360mm。灌砂筒主要分两部分:上部为储砂筒,筒深270mm(容积约2120cm³),筒底中心有一个直径10mm的圆孔;下部装一倒置的圆锥形漏斗,漏斗上端开口直径为10mm,并焊接在一块直径100mm的铁板上,铁板中心有一直径10mm的圆孔与漏斗上开口相接。在储砂筒筒底与漏斗顶端铁板之间设有开关。开关为一薄铁板,一端与筒底及漏斗铁板铰接在一起,另一端伸出筒身外,开关铁板上也有一个直径10mm的圆孔。将开关向左移动时,开关铁板上的圆孔恰好与筒底圆孔及漏斗上开口相对,即三个圆孔在平面上重叠在一起,砂就可通过圆孔自由落下。将开关向右移动时,开关将筒底圆孔堵塞,砂即停止下落。

灌砂筒的形式和主要尺寸如图1-1所示;金属标定罐、灌砂筒与基板如图1-2所示。

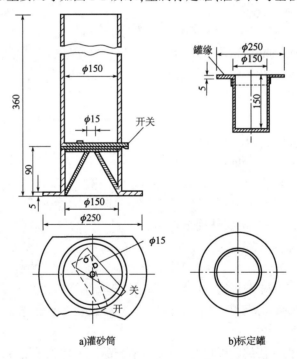

a)灌砂筒　　　　　　　　b)标定罐

图1-1　灌砂筒和标定罐(尺寸单位:mm)

(2)金属标定罐:内径100mm,高150mm和200mm的金属罐各一个,上端周围有一罐缘。

注: 当由于某种原因,试坑不是150mm或200mm时,标定罐的深度应该与拟挖试坑深度相同。

（3）基板：一个边长 350mm、深 40mm 的金属方盘，盘中心有一直径 100mm 的圆孔。

（4）打洞及从洞中取料的合适工具，如凿子、铁锤、长把勺、长把小簸箕、毛刷等。

（5）玻璃板：边长约 500mm 的方形板。

（6）饭盒（存放挖出的试样）：若干。

（7）台秤：称量 10～15kg，感量 5g。

（8）其他：铝盒、天平、烘箱等。

（9）量砂：粒径 0.25～0.5mm、清洁干燥的均匀砂，20～40kg，应先烘干，并放置足够时间，使其与空气的湿度达到平衡。

图 1-2　金属标定罐、灌砂筒与基板

3. 仪器标定

1）确定灌砂筒下部圆锥体内砂的质量

（1）在储砂筒内装满砂，筒内砂的高度与筒顶的距离不超过 15mm，称筒内砂的质量 m_1，精确至 1g。每次标定及而后的试验都维持该质量不变。

（2）将开关打开，让砂流出，并使流出砂的体积与工地所挖试洞的体积相当（或等于标定罐的容积）；然后关上开关，并称量筒内砂的质量 m_5，精确至 1g。

（3）将灌砂筒放在玻璃板上，打开开关，让砂流出，直到筒内砂不再下流时，关上开关，并小心地取走灌砂筒。

（4）收集并称量留在玻璃板上的砂或称量筒内的砂，精确至 1g。玻璃板上的砂就是填满灌砂筒下部圆锥体的砂。

（5）重复上述测量，至少三次；最后取其平均值 m_2，精确至 1g。

2）确定量砂的密度

（1）用水确定标定标定罐的容积 V。

①将空罐放在台秤上，使罐的上口处于水平位置，读记罐质量 m_7，精确至 1g。

②向标定罐中灌水，注意不要将水弄到台秤上或罐的外壁；将一直尺放在罐顶，当罐中水面快要接近直尺时，用滴管往罐中加水，直到水面接触直尺；移去直尺，读记罐和水的总质量 m_8。

③重复测量时，仅需用吸管从罐中取出少量水，并用滴管重新将水加满到接触直尺。

④标定罐的体积 V 按下式计算：

$$V = \frac{m_8 - m_7}{\rho_w} \tag{1-10}$$

式中：V——标定罐的容积（cm³），精确至 0.01；

　　　m_7——标定罐质量（g）；

　　　m_8——标定罐和水的总质量（g）；

　　　ρ_w——水的密度（g/cm³）。

（2）在储砂筒中装入质量为 m_1 的砂，并将罐砂筒放在标定罐上，打开开关，让砂流出，直到储砂筒内的砂不再下流时，关闭开关；取下灌砂筒，称筒内剩余的砂质量，精确至 1g。

(3)重复上述测量,至少三次,最后取其平均值 m_3,精确至1g。

(4)按下式计算填满标定罐所需砂的质量 m_a:

$$m_a = m_1 - m_2 - m_3 \tag{1-11}$$

式中:m_a——砂的质量(g),精确至1g;

m_1——灌砂入标定罐前,筒内砂的质量(g);

m_2——灌砂筒下部圆锥体内砂的平均质量(g);

m_3——灌砂入标定罐后,筒内剩余砂的质量(g)。

(5)按下式计算量砂的密度 ρ_s:

$$\rho_s = \frac{m_a}{V} \tag{1-12}$$

式中:ρ_s——砂的密度(g/cm^3),精确至0.01;

V——标定罐的体积(cm^3);

m_a——砂的质量(g)。

4. 试验步骤

(1)在试验地点,选一块约40cm×40cm的平坦表面,并将其清扫干净;将基板放在此平坦表面上;如此表面的粗糙度较大,则将盛有量砂 m 的灌砂筒放在基板中间的圆孔上;打开灌砂筒开关,让砂流入基板的中孔内,直到储砂筒内的砂不再下流时关闭开关,取下灌砂筒,并称筒内砂的质量 m_6,精确至1g。

(2)取走基板,将留在试验地点的量砂收回,重新将表面清扫干净;将基板放在清扫干净的表面上,沿基板中孔凿洞,洞的直径100mm。在凿洞过程中,应注意不使凿出的试样丢失,并随时将凿松的材料取出,放在已知质量的塑料袋内,密封。试洞的深度应与标定罐高度接近或一致。凿洞毕,称此塑料袋中全部试样质量,精确至1g。减去已知塑料袋质量后,即为试样的总质量 m_t。

(3)从挖出的全部试样中取有代表性的样品,放入铝盒中,测定其含水率 w。样品数量:对于细粒土,不少于10g;对于粗粒土,不少于500g。

(4)将基板安放在试洞上,将灌砂筒安放在基板中间(储砂筒内放满砂至恒量 m_1),使灌砂筒的下口对准基板的中孔及试洞。打开灌砂筒开关,让砂流入试洞内。关闭开关。小心取走灌砂筒,称量筒内剩余砂的质量 m_6,精确至1g。

(5)如清扫干净的平坦的表面上,粗糙度不大,则不需放基板,将灌砂筒直接放在已挖好的试洞上。打开筒的开关,让砂流入试洞内。在此期间,应注意勿碰动灌砂筒。直到储砂筒内的砂不再下流时,关闭开关。取走灌砂筒,称量筒内剩余砂的质量 m_4,精确至1g。

(6)取出试洞内的量砂,以备下次试验时再用。若量砂的湿度已发生变化或量砂中混有杂质,则应重新烘干,过筛,并放置一段时间,使其与空气的湿度达到平衡后再用。

(7)当试洞中有较大孔隙,量砂可能进入孔隙时,则应按试洞外形,松弛地放入一层柔软的纱布。然后再进行灌砂工作。

5. 试验记录

试验记录见表1-8。

密度试验记录（灌砂法） 表 1-8

工程名称＿＿＿＿＿＿＿＿ 试验者＿＿＿＿＿＿＿＿

土样说明＿＿＿＿＿＿＿＿ 计算者＿＿＿＿＿＿＿＿

试验日期＿＿＿＿＿＿＿＿ 校核者＿＿＿＿＿＿＿＿

取样桩号	取样位置	试洞中湿土样质量	灌满试洞后剩余砂质量	试洞内砂质量	湿密度	含水率测定							干密度
						盒号	盒+湿土质量	盒+干土质量	盒质量	干土质量	水质量	含水率	
		m_t (g)	m_4、m'_4 (g)	m_b (g)	ρ (g/cm³)		(g)	(g)	(g)	(g)	(g)	(%)	ρ_d (g/cm³)

6. 结果整理

（1）按下式计算填满试洞所需砂的质量：

灌砂时试洞上放有基板的情况

$$m_b = m_1 - m_4 - (m_5 - m_6) \tag{1-13}$$

灌砂时试洞上不放基板的情况

$$m_b = m_1 - m'_4 - m_2 \tag{1-14}$$

式中：m_b——砂的质量（g）；

m_1——灌砂入试洞前筒内砂的质量（g）；

m_2——灌砂筒下部圆锥体内砂的平均质量（g）；

m_4、m'_4——灌砂入试洞后，筒内剩余砂的质量（g）；

$m_5 - m_6$——灌砂筒下部圆锥体内及基板和粗糙表面间砂的总质量（g）。

（2）按下式计算试验地点土的湿密度：

$$\rho = \frac{m_t}{m_b} \times \rho_s \tag{1-15}$$

式中：ρ——土的湿密度（g/cm³），精确至 0.01；

m_t——洞中取出的全部土样的质量（g）；

m_b——填满试洞所需砂的质量（g）；

ρ_s——量砂的密度（g/cm³）。

（3）按式（1-4）计算土的干密度：

$$\rho_d = \frac{\rho}{1 + 0.01w}$$

7. 精密度和允许差

本试验需进行二次平行测定取其算术平均值，其平行差值不得大于 0.03g/cm³。

8. 试验说明

用灌砂法测量试洞的容积时,其准确度和精度受下列三个因素的影响:

(1)标定罐的深度对砂的密度有影响。标定罐的深度减 2.5cm,砂的密度降低 1%。因此,标定罐的深度应与试洞的深度一致。

(2)储砂筒中砂面的高度对砂的密度有影响。储砂筒中砂面的高度降低 5cm,砂的密度约降低 1%。因此,现场测量时,储砂筒中的砂面高度应与标定砂的密度时储砂筒中的砂面高度一致。

(3)砂的颗粒组成对试验的重现性有影响。使用的砂应清洁干燥,否则,砂的密度会有明显变化。

9. 工程应用

土木工程中的挡土墙土压力计算、人工及天然斜坡稳定设计和验算、地基承载力确定以及沉降计算等,均需用重度指标。

第三节　土的比重试验

一、概述

土的比重:土粒在温度 100～105℃,烘至恒重时的质量与同体积4℃时蒸馏水质量的比值。在数值上,土的比重与土粒密度相同,只是前者是无量纲量。

土粒比重是土的基本物理性指标之一,是计算孔隙比、孔隙率、饱和度等指标的重要依据,也是评价土类的主要指标。土的比重主要取决于土的矿物成分,不同土类的比重变化不大,在有经验的地区可按经验值选用,一般情况下,砂土为 2.65～2.69,砂质粉土约为 2.70,黏质粉土约为 2.71,粉质黏土为 2.72～2.73,黏土为 2.74～2.76。

二、试验方法

根据土粒粒径不同,土的比重试验可分别采用比重瓶法、浮称法、虹吸筒法。

(一)比重瓶法

1. 适用范围

本试验法适用于粒径小于 5mm 的土。

2. 仪器设备

(1)比重瓶:容量 100(或 50)mL(图 1-3)。

(2)天平:称量 200g,感量 0.001g。

(3)恒温水槽:灵敏度 ±1℃。

(4)砂浴。

(5)真空抽气设备。

(6)温度计:量程为 0～50℃,分度值为 0.5℃。

(7)其他:烘箱、蒸馏水、中性液体(如煤油)、孔径 2mm 及 5mm 筛、漏斗、滴管等。

（8）比重瓶校正。

①将比重瓶洗净、烘干，称比重瓶质量，准确至0.001g。

②将煮沸后冷却的纯水注入比重瓶。对长颈比重瓶注水至刻度处，对短颈比重瓶应注满纯水，塞紧瓶塞，多余水分自瓶塞毛细管中溢出。调节恒温水槽至5℃或10℃，然后将比重瓶放入恒温水槽内，直至瓶内水温稳定。取出比重瓶，擦干外壁，称瓶与水的总质量，精确至0.001g。

③以5℃级差，调节恒温水槽的水温，逐级测定不同温度下的比重瓶、水总质量，至达到本地区最高自然气温为止。每级温度均应进行两次平行测定，两次测定的差值不得大于0.002g，取两次测值的平均值。绘制温度与瓶与水的总质量的关系曲线。

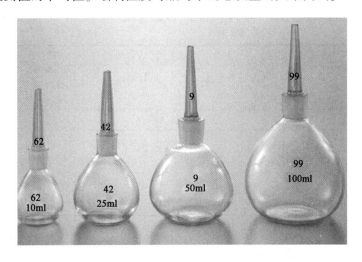

图1-3 比重瓶

3. 试验步骤

（1）将比重瓶烘干，将15g烘干土装入100mL比重瓶内（若用50mL比重瓶，装烘干土约12g），称量。

（2）为排除土中空气，将已装有干土的比重瓶，注蒸馏水至瓶的一半处，摇动比重瓶，土样浸泡20h以上，再将瓶在砂浴中煮沸，煮沸时间自悬液沸腾时算起，砂及低液限黏土应不少于30min，高液限黏土应不少于1h，使土粒分散。注意沸腾后调节砂浴温度，不使土液溢出瓶外。

（3）若是长颈比重瓶，用滴管调整液面恰至刻度处（以弯月面下缘为准），擦干瓶外及瓶内壁刻度以上部分的水，称瓶、水、土总质量。若是短颈比重瓶，将纯水注满，使多余水分自瓶塞毛细管中溢出，将瓶外水分擦干后，称瓶、水、土总质量，称量后立即测出瓶内水的温度，精确至0.5℃。

（4）根据测得的温度，从已绘制的温度与瓶、水总质量关系曲线中查得瓶水总质量。如比重瓶体积事先未经温度校正，则立即倾去悬液，洗净比重瓶，注入事先煮沸过且与试验时同温度的蒸馏水至同一体积刻度处，短颈比重瓶则注水至满，按本试验步骤（3）调整液面后，将瓶外水分擦干，称瓶、水总质量。

（5）若是砂土，煮沸时砂粒易跳出，允许用真空抽气法代替煮沸法排除土中空气，其余步骤与本试验步骤(3)、(4)相同。

（6）对含有某一定量的可溶盐、不亲性胶体或有机质的土，必须用中性液体（如煤油）测定，并用真空抽气法排除土中气体。真空压力表读数宜为100kPa，抽气时间1～2h（直至悬液内无气泡为止），其余步骤同本试验步骤(3)、(4)。

（7）本试验称量应精确至0.001g。

4. 试验记录

试验记录见表1-9。

比重试验记录（比重瓶法） 表1-9

工程名称＿＿＿＿＿＿＿ 试验方法＿＿＿＿＿＿＿ 试验日期＿＿＿＿＿＿＿
试　验　者＿＿＿＿＿＿＿ 计　算　者＿＿＿＿＿＿＿ 校　核　者＿＿＿＿＿＿＿

试验编号	比重瓶号	温度（℃）	液体比重	比重瓶质量（g）	瓶、干土总质量（g）	干土质量（g）	瓶、液总质量（g）	瓶、液土总质量（g）	与干土同体积的液体质量（g）	比重	平均比重值	备注
		(1)	(2)	(3)	(4)	(5)	(6)	(7)	(8)	(9)		
					(4)－(3)				$(5)+(6)$ $-(7)$	$\dfrac{(5)}{(8)}\times(2)$		

5. 结果整理

（1）用蒸馏水测定时，按下式计算比重：

$$G_s = \frac{m_s}{m_1 + m_s - m_2} \times G_{wt} \qquad (1\text{-}16)$$

式中：G_s——土的比重，精确至0.001；

$\quad m_s$——干土质量(g)；

m_1——瓶与水总质量(g)；

m_2——瓶、水与土总质量(g)；

G_{wt}——$t℃$时蒸馏水的比重（水的比重可查物理手册），准确至0.001。

（2）用中性液体测定时，按下式计算比重：

$$G_s = \frac{m_s}{m_1' + m_s - m_2'} \times G_{kt} \qquad (1\text{-}17)$$

式中：G_s——土的比重，精确至0.001；

$\quad m_1'$——瓶、中性液体总质量(g)；

$\quad m_2'$——瓶、土、中性液体总质量(g)；

$\quad G_{kt}$——$t℃$时中性液体比重（应实测），精确至0.001。

6. 精密度和允许差

本试验必须进行两次平行测定，取其算术平均值，以两位小数表示，其平行差值不得大于0.02。

7.试验说明

(1)目前各单位多用100mL的比重瓶,也有采用50mL的。比较试验表明,瓶的大小对比重结果影响不大,但采用100mL的比重瓶可以多取些试样,使试样的代表性和试验的精度提高,所以本规程建议采用100mL的比重瓶,但也允许采用50mL的比重瓶。

比重瓶校正一般有两种方法:称量校正法和计算校正法。前一种方法精度比较高,后一种方法引入了某些假设,但一般认为对比重影响不大。本试验以称量校正法为准。

(2)关于试样状态,规定用烘干土,但考虑到烘焙对土中胶粒有机质的影响尚无一致意见,所以这次规定一般应用烘干试样,也可用风干或天然湿度试样。一般规定有机质含量小于5%时,可以用纯水测定。

(二)浮力法

1.目的和适用范围

本试验目的是测定土颗粒的比重。本试验方法适用于粒径大于或等于5mm的土,且其中粒径大于或等于20mm的土质量应小于总土质量的10%。

2.仪器设备

(1)浮力仪(含电子天平):称量1000g以上,感量0.001g;应附有孔径小于5mm的金属网篮,其直径为10～15cm,高为10～20cm;适合网篮沉入的盛水容器(图1-4,图1-5)。

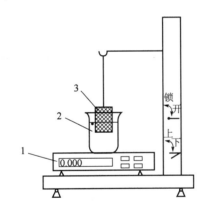

图1-4　浮力仪　　　　　　　　　　　　图1-5　浮力仪
1-电子天平;2-盛水容器;3-粗粒土的金属网篮

(2)其他:烘箱、温度计、孔径5mm及20mm筛等。

3.试验步骤

(1)取代表性试样500～1000g(m_s)。彻底冲洗试样,直至颗粒表面无尘土和其他污物。

(2)称烧杯和杯中水的质量m_1,将金属网篮缓缓浸没于水中,再称烧杯、杯中水和悬没于水中的金属网篮的总质量,并立即测量容器内水的温度,精确至0.5℃。计算出悬没于水中的金属网篮的浮力质量m_2。

(3)将试样浸在水中一昼夜取出,立即放入金属网篮,缓缓浸没于水中并在水中摇晃,至无气泡逸出时为止。

（4）称烧杯、杯中水和悬没于水中的金属网篮及试样的总质量 m_3 ，并立即测量容器内水的温度，精确至 0.5℃ 时为止。

（5）取出试样烘干，称量。

4. 试验记录

试验记录见表1-10。

比重试验记录（浮力法）　　　　　　　　　　　　表 1-10

工程名称＿＿＿＿＿＿＿＿＿＿＿　　　　试验者＿＿＿＿＿＿＿＿＿＿＿

土样说明＿＿＿＿＿＿＿＿＿＿＿　　　　计算者＿＿＿＿＿＿＿＿＿＿＿

试验日期＿＿＿＿＿＿＿＿＿＿＿　　　　校核者＿＿＿＿＿＿＿＿＿＿＿

野外编号	室内编号	温度（℃）	某一温度下水的比重	烘干土质量 m_s（g）	烧杯、杯中水和悬没于水中的金属网篮及试样的浮力总质量 m_3（g）	悬没于水中的金属网篮的浮力质量 m_2（g）	烧杯和杯中水的质量 m_1（g）	比重	平均值
		(1)	(2)	(3)	(4)	(5)	(6)	(7)	
	1								
	2								

5. 结果整理

（1）按下式计算土粒比重：

$$G_s = \frac{m_s}{m_3 - m_2 - m_1} \times G_{wt} \tag{1-18}$$

式中：G_s——土粒比重，精确至 0.001；

　　m_s——干土质量（g）；

　　m_1——烧杯和杯中水的质量（g）；

　　m_2——悬没于水中的金属网篮的浮力质量（g）；

　　m_3——烧杯、杯中水和悬没于水中的金属网篮及试样的总质量（g）；

　　G_{wt}——t℃时水的比重，精确至 0.001。

（2）按下式计算土粒平均比重：

$$G_s = \frac{1}{\dfrac{P_1}{G_{s1}} + \dfrac{P_2}{G_{s2}}} \tag{1-19}$$

式中：G_s——土粒平均比重，精确至 0.01；

　　G_{s1}——大于 5mm 土粒的比重；

　　G_{s2}——小于 5mm 土粒的比重；

　　P_1——大于 5mm 土粒占总质量的百分数（%）；

　　P_2——小于 5mm 土粒占总质量的百分数（%）。

6. 精密度和允许差

本试验必须进行两次平行测定，取其算术平均值，以两位小数表示，其平行差值不得大于 0.02。

7.试验说明

浮力法所测结果较为稳定。但大于 20mm 粗粒较多时,采用本方法将增加试验设备,室内使用不便。因此,规定粒径大于 5mm 的试样中大于或等于 20mm 颗粒含量小于 10% 时用浮力法。

(三)浮称法

1.目的和适用范围

本试验目的是测定土颗粒的比重。本试验方法适用于粒径大于或等于 5mm 的土,且其中粒径大于或等于 20mm 的土质量应小于总土质量的 10%。

2.仪器设备

(1)静水力学天平(或物理天平):称量 1000g 以上,感量 0.001g;应附有孔径小于 5mm 的金属网篮,其直径为 10 ~ 15cm,高为 10 ~ 20cm;适合网篮沉入的盛水容器(图1-6)。

(2)其他:烘箱、温度计、孔径 5mm 及 20mm 筛等。

(3)其他:修土刀、钢丝锯、凡士林等。

3.试验步骤

(1)取代表性试样 500 ~ 1000g。彻底冲洗试样,直至颗粒表面无尘土和其他污物。

(2)将试样浸在水中一昼夜取出,立即放入金属网篮,缓缓浸没于水中,并在水中摇晃,至无气泡逐出时为止。

(3)称金属网篮和试样在水中的总质量。

(4)取出试样烘干,称量。

(5)称金属网篮在水中质量并立即测量容器内水的温度,精确至 0.5℃。

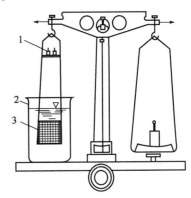

图1-6 浮称天平

1-调平平衡砝码盘;2-盛水容器;3-盛粗粒土的金属网篮

4.试验记录

试验记录见表1-11。

比重试验记录(浮称法)　　　　　　　表 1-11

工程名称＿＿＿＿＿＿＿＿＿　　　　　　试验者＿＿＿＿＿＿＿＿＿

土样说明＿＿＿＿＿＿＿＿＿　　　　　　计算者＿＿＿＿＿＿＿＿＿

试验日期＿＿＿＿＿＿＿＿＿　　　　　　校核者＿＿＿＿＿＿＿＿＿

野外编号	室内编号	温度(℃)	水的比重	烘干土质量(g)	金属网篮及试样在水中质量(g)	金属网篮在水中质量(g)	试样在水中质量(g)	比重	平均值
		(1)	(2)	(3)	(4)	(5)	(6)	(7)	
							(4) - (5)	$\dfrac{(3) \times (2)}{(3) - (6)}$	
	1								
	2								

5. 结果整理

(1)按式(1-18)计算土粒比重：

$$G_s = \frac{m_s}{m_3 - m_2 - m_1} \times G_{wt}$$

(2)按式(1-19)计算土料平均比重：

$$G_s = \frac{1}{\dfrac{P_1}{G_{s1}} + \dfrac{P_2}{G_{s2}}}$$

6. 精密度和允许差

本试验必须进行两次平行测定，取其算术平均值，以两位小数表示，其平行差值不得大于0.02。

7. 试验说明

浮称法所测结果较为稳定，但大于20mm粗粒较多时，采用本方法将增加试验设备，室内使用不便。因此，规定粒径大于5mm的试样中大于或等于20mm颗粒含量小于10%时用浮称法。

（四）虹吸筒法

1. 适用范围

本试验目的是测定土颗粒的比重。本试验法适用于粒径大于或等于5mm的土，且其中粒径大于或等于20mm土的含量大于或等于总土质量的10%。

2. 仪器设备

(1)虹吸筒：见图1-7。

(2)台秤：最大称量10kg，感量1g。

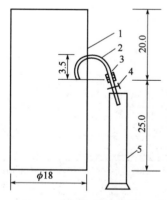

图1-7 虹吸筒(尺寸单位:cm)
1-虹吸筒;2-虹吸管;3-橡皮管;
4-管夹;5-量筒

(3)量筒：容积大于2000mL。

(4)其他：烘箱、温度计、孔径5mm及20mm的筛等。

3. 试验步骤

(1)取代表性试样1100~7000g。将试样彻底冲洗，直至颗粒表面无尘土和其他污物。

(2)再将试样浸在水中一昼夜取出，晾干(或用布擦干)，称量。

(3)注清水入虹吸筒，至管口有水溢出时停止注水。待管不再有水流出后，关闭管夹，将试样缓缓放入筒中，边放边搅，至无气泡逸出时为止，搅动时勿使水溅出筒外。称量筒质量。

(4)待虹吸筒中水面平静后，开管夹，让试样排开的水通过虹吸管流入筒中。

(5)称量筒与水质量后，测量筒内水的温度，精确至0.5℃。

(6)取出虹吸筒内试样，烘干，称量。

(7)本试验称量精确至1g。

4. 试验记录

试验记录见表1-12。

比重试验记录(浮称法)   表 1-12

工程名称_____   试验者_____
土样说明_____   计算者_____
试验日期_____   校核者_____

野外编号	室内编号	温度（℃）	水的比重	烘干土质量（g）	风干土质量（g）	量筒质量（g）	量筒加排开水质量（g）	排开水质量（g）	吸着水质量（g）	比重	平均值
		(1)	(2)	(3)	(4)	(5)	(6)	(7)	(8)	(9)	
							(6)−(5)	(4)−(3)	$\dfrac{(3)\times(2)}{(7)-(8)}$		
	1										
	2										

5. 结果整理

(1) 按下式计算比重：

$$G_s = \frac{m_s}{(m_1 - m_0) - (m - m_s)} \times G_{wt} \tag{1-20}$$

式中：G_s——土粒比重，计算至 0.001；

$\quad m_s$——干土质量（g）；

$\quad m$——晾干试样质量（g）；

$\quad m_1$——量筒加水质量（g）；

$\quad m_0$——量筒质量（g）；

$\quad G_{wt}$——t℃时水的比重，准确至 0.001。

(2) 按式(1-19)计算土料平均比重：

$$G_s = \frac{1}{\dfrac{P_1}{G_{s1}} + \dfrac{P_2}{G_{s2}}}$$

6. 精密度和允许差

本试验必须进行两次平行测定，取其算术平均值，以两位小数表示，其平行差值不得大于 0.02。

7. 试验说明

由于对粗颗粒的实体积测试不准，所以虹吸筒法测得的结果不稳定，测得的比重值一般偏小。一般只在粒径大于 5mm 的试样中大于或等于 20mm 的颗粒含量大于或等于 10% 时，才用虹吸筒法。

第四节　颗粒分析试验

一、概述

天然土是由大小不同的颗粒组成的，土粒的大小通常以其平均直径表示，称为粒径。天然土的粒径一般是连续变化的，土的性质也随之发生变化，工程上常把大小相近的土粒合并为组,称为粒组。土的颗粒大小及其组成情况,通常用土中各个不同粒组的相对含量(各粒组干土质量的百分比)来表示,称为土的颗粒级配,它可以描述土中不同粒径土粒的分布特征。颗粒分析试验就是测定土中各种粒组所占该土总质量的百分数的试验方法,分为筛分析法和沉降分析法,其中沉降分析法又有密度计法和移液管法。对于粒径大于 0.075mm 的土粒,可用筛分析的方法测定,而对于粒径小于 0.075mm 的土粒,则用沉降分析法(密度计法或移液管法)测定。

土的颗粒组成在一定程度上反映了土的某些性质,因此,工程上常依据颗粒组成对土进行分类,粗粒土主要根据颗粒组成进行分类,而细粒土由于矿物成分、颗粒形状及胶粒含量等因素,则不能单以颗粒组成进行分类,而是要借助于塑性图或塑性指数进行分类。根据土的颗粒组成还可概略判断土的工程性质以及供建材选料之用。

二、试验方法及原理

对于粒径大于 0.075mm 的土粒,用筛分析的方法测定,筛分析法是测定土的粒度成分的最简单的一种方法。其原理是将土样通过逐级减小孔径的一组标准筛子,对于通过某一筛孔的土粒,可以认为其粒径恒小于该筛的孔径;反之,遗留在筛上的颗粒,可以认为其粒径恒大于该筛的孔径。这样即可把土样的大小颗粒按筛孔大小加以分组,并分别计算出各级粒组占总质量的百分数,再根据所占百分数进行归并和分类。而对于粒径小于 0.075mm 的土粒,则用沉降分析法(密度计法或移液管法)测定。

(一)筛分法

1. 目的和适用范围

本试验法适用于分析粒径大于 0.075mm 的土颗粒组成。对于粒径大于 60mm 的土样,本试验方法不适用。

2. 仪器设备

(1)标准筛:粗筛(圆孔):孔径为 60mm、40mm、20mm、10mm,5mm、2mm。标准筛如图 1-8 所示。

细筛:孔径为 2.0mm、1.0mm、0.5mm、0.25mm、0.075mm。

(2)天平:最大称量 5000g,感量 5g;称量 1000g,感量 1g;称量 200g,感量 0.2g。

(3)摇筛机(带振动、拍打功能)(图 1-9)。

(4)其他:烘箱、筛刷、烧杯、木碾、研钵等。

3. 试样

将土样风干,使其土中水分蒸发。从风干、松散的土样中,用四分法按照下列规定取出具有代表性的试样:

(1)小于 2mm 颗粒的土 100 ~ 300g。

(2)最大粒径小于 10mm 的土 300 ~ 900g。

(3)最大粒径小于 20mm 的土 1000 ~ 2000g。

(4)最大粒径小于 40mm 的土 2000 ~ 4000g。

(5)最大粒径大于 40mm 的土 4000g 以上。

4. 试验步骤

(1)对于无凝聚性的土

图 1-8　标准筛

图 1-9　摇筛机

①按规定称取试样,将试样分批过 2mm 筛。

②将大于 2mm 的试样按从大到小的次序,通过大于 2mm 的各级粗筛,并将留在筛上的土分别称量。

③2mm 筛下的土如数量过多,则按四分法缩分至 100～800g。将试样按从大到小的顺序通过小于 2mm 各级细筛。可用摇筛机进行振摇,振摇时间一般为 10～15min。

④由最大孔径的筛开始,顺序将各筛取下,在白纸上用手轻叩摇晃,至每分钟筛下数量不大于该级筛余质量的 1% 为止。漏下的土粒应全部放入下一级筛内,并将留在各筛上的土样用软毛刷刷净,分别称量。

⑤筛后各级筛上和筛底土的总质量与筛前试样总质量之差,不应大于 1%。

⑥如 2mm 筛下的土不超过试样总质量的 10%,可省略细筛分析;如 2mm 筛上的土不超过试样总质量的 10%,可省略粗筛分析。

(2)对于含有黏土粒的砂砾土

①将土样放在橡皮板上,用木碾将黏结的土团充分碾散,拌匀、烘干、称量。如土样过多时,用四分法称取代表性土样。

②将试样置于盛有清水的瓷盆中,浸泡并搅拌,使粗细颗粒分散。

③将浸润后的混合液过 2mm 筛,边冲边洗,过筛,直至筛上仅留大于 2mm 以上的土颗粒为止。然后,将筛上洗净的砂砾风干,称量。按以上方法进行粗筛分析。

④通过 2mm 筛下的混合液存放在盆中,待稍沉淀,将上部悬液过 0.075mm 洗筛,用带橡皮头的玻璃棒研磨盆内浆液,再加清水,搅拌、研磨、静置、过筛,反复进行,直至盆内悬液澄清。最后,将全部土粒倒在 0.075mm 筛上,用水冲洗,直至筛上仅留大于 0.075mm 净砂为止。

⑤将大于 0.075mm 的净砂烘干称量,并进行细筛分析。

⑥将大于 2mm 颗粒及 0.075～2mm 的颗粒质量从原称量的总质量中减去,即为小于 0.075mm 颗粒质量。

⑦如果小于 0.075mm 颗粒质量超过总质量的 10%,有必要时,将这部分土烘干,取样,再做密度计或移液管分析。

5.试验记录

试验记录见表 1-13。

颗粒分析试验记录(筛分法) 　　　表 1-13

工程名称＿＿＿＿＿＿＿＿　　　　　试验者＿＿＿＿＿＿＿＿

土样编号＿＿＿＿＿＿＿＿　　　　　计算者＿＿＿＿＿＿＿＿

试验日期＿＿＿＿＿＿＿＿　　　　　校核者＿＿＿＿＿＿＿＿

筛分前总土质量 =		小于2mm 取试样质量 =					
小于2mm 土质量 =		小于2mm 土占总土质量 =					
粗筛分析				细筛分析			
孔径 （mm）	累计留筛 土的质量 （g）	小于该孔径 的土质量 （g）	小于该孔径 土质量 百分比 （%）	孔径 （mm）	累计留筛 土的质量 （g）	小于该孔径 的土质量 （g）	小于该孔径 土质量 百分比 （%）	占总土质量 百分比 （%）
				2.0				
60				1.0				
40				0.5				
20				0.25				
10				0.1				
5				0.075				
2				筛底				

6. 结果整理

(1)按下式计算小于某粒径颗粒质量百分数：

$$X = \frac{A}{B} \times 100 \tag{1-21}$$

式中：X——小于某粒径颗粒的质量百分数（%）；

A——小于某粒径的颗粒质量（g）；

B——试样总质量（g）。

(2)当小于2mm 的颗粒如用四分法缩分取样时，试样中小于某粒径的颗粒质量占总土质量的百分数：

$$X = \frac{a}{b} \times p \times 100 \tag{1-22}$$

式中：a——通过2mm 筛的试样中小于某粒径的颗粒质量（g）；

b——通过2mm 筛的土样中所取试样的质量（g）；

p——粒径小于2mm 的颗粒质量百分数（%）。

(3)在半对数坐标纸上，以小于某粒径的颗粒质量百分数为纵坐标，以粒径（mm）为横坐标，绘制颗粒大小级配曲线，求出各粒组的颗粒质量百分数，以整数（%）表示。

(4)按下式计算不均匀系数：

$$C_u = \frac{d_{60}}{d_{10}} \tag{1-23}$$

式中：C_u——不均匀系数，精确至0.1且含两位以上有效数字；

d_{60}——限制粒径,即土中小于该粒径的颗粒质量为60%的粒径(mm);

d_{10}——有效粒径,即土中小于该粒径的颗粒质量为10%的粒径(mm)。

7.精密度和允许差

筛后各级筛上和筛底土总质量与筛前试样质量之差,不应大于1%。

8.试验说明

(1)当大于0.075mm的颗粒超过试样总质量的15%时,应先进行筛分试验,然后经过洗筛,再用密度计法或移液管法进行试验。

(2)在选用分析筛的孔径时,可根据试样颗粒的粗、细情况灵活选用。

(3)对于无凝聚性的土样,可采用干筛法;对于含有部分黏土的砾类土,必须用水筛法,以保证颗粒充分分散。

(二)密度计法

1.适用范围

本试验方法适用于分析粒径小于0.075mm的细粒土。

2.仪器设备

(1)密度计(图1-10)。

(2)量筒:容积为 1000mL,内径为 60mm,高度为 350mm ± 10mm,刻度为 0 ~ 1000mL。

(3)细筛:孔径为 2mm、0.5mm、0.25mm;洗筛:孔径为 0.075mm。

(4)天平:称量 100g,感量 0.1g;称量 100g(或 200g),感量 0.01g。

(5)温度计:测量范围 0 ~ 50℃,精度 0.5℃。

(6)洗筛漏斗:上口直径略大于洗筛直径,下口直径略小于量筒直径。

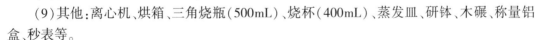

图1-10　密度计

(7)煮沸设备:电热板或电砂浴。

(8)搅拌器:底板直径 50mm,孔径约 3mm。

(9)其他:离心机、烘箱、三角烧瓶(500mL)、烧杯(400mL)、蒸发皿、研钵、木碾、称量铝盒、秒表等。

3.试剂

浓度25%氨水、氢氧化钠(NaOH)、草酸钠($Na_2C_2O_4$)、六偏磷酸钠[$(NaPO_3)_6$]、焦磷酸钠($Na_4P_2O_7 \cdot 10H_2O$)等;如需进行洗盐手续,应有10%盐酸、5%氯化钡、10%硝酸、5%硝酸银及6%双氧水等。

4.试样

密度计分析土样应采用风干土。土样充分碾散,通过2mm 筛(土样风干可在烘箱内以不超过50℃鼓风干燥)。求出土样的风干含水率,并按下式计算试样干质量为30g时所需的风干土质量。精确至0.01g。

$$m = m_s(1 + 0.01w) \qquad (1\text{-}24)$$

式中：m——风干土质量（g），精确至 0.01；

$\quad\quad m_s$——密度计分析所需干土质量（g）；

$\quad\quad w$——风干土的含水率（%）。

5. 密度计校正

（1）密度计刻度及弯月面校正：按《标准玻璃浮计检定规程》（JJG 86—2011）进行。土粒沉降距离校正参见本试验说明。

（2）温度校正：当密度计的刻制温度是 20℃，而悬液温度不等于 20℃ 时，应进行校正，校正值查表 1-14。

温度校正值表 表 1-14

悬液温度 t（℃）	甲种密度计温度校正值 m_t	乙种密度计温度校正值 m'_t	悬液温度 t（℃）	甲种密度计温度校正值 m_t	乙种密度计温度校正值 m'_t
10.0	−2.0	−0.0012	20.2	+0.0	+0.0000
10.5	−1.9	−0.0012	20.5	+0.1	+0.0001
11.0	−1.9	−0.0012	21.0	+0.3	+0.0002
11.5	−1.8	−0.0011	21.5	+0.5	+0.0003
12.0	−1.8	−0.0011	22.0	+0.6	+0.0004
12.5	−1.7	−0.0010	22.5	+0.8	+0.0005
13.0	−1.6	−0.0010	23.0	+0.9	+0.0006
13.5	−1.5	−0.0009	23.5	+1.1	+0.0007
14.0	−1.4	−0.0009	24.0	+1.3	+0.0008
14.5	−1.3	−0.0008	24.5	+1.5	+0.0009
15.0	−1.2	−0.0008	25.0	+1.7	+0.0010
15.5	−1.1	−0.0007	25.5	+1.9	+0.0011
16.0	−1.0	−0.0006	26.0	+2.1	+0.0013
16.5	−0.9	−0.0006	26.5	+2.2	+0.0014
17.0	−0.8	−0.0005	27.0	+2.5	+0.0015
17.5	−0.7	−0.0004	27.5	+2.6	+0.0016
18.0	−0.5	−0.0003	28.0	+2.9	+0.0018
18.5	−0.4	−0.0003	28.5	+3.1	+0.0019
19.0	−0.3	−0.0002	29.0	+3.3	+0.0021
19.5	−0.1	−0.0001	29.5	+3.5	+0.0022
20.0	−0.0	−0.0000	30.0	+3.7	+0.0023

（3）土粒比重校正：密度计刻度应以土粒比重 2.65 为准。当试样的土粒比重不等于 2.65 时，应进行土粒比重校正。校正值查表 1-15。

土粒比重校正值

表 1-15

土 粒 比 重	甲种密度计 C_G	乙种密度计 C'_G	土 粒 比 重	甲种密度计 C_G	乙种密度计 C'_G
2.50	1.038	1.666	2.70	0.989	1.588
2.52	1.032	1.658	2.72	0.985	1.581
2.54	1.027	1.649	2.74	0.981	1.575
2.56	1.022	1.641	2.76	0.977	1.568
2.58	1.017	1.632	2.78	0.973	1.562
2.60	1.012	1.625	2.80	0.969	1.556
2.62	1.007	1.617	2.82	0.965	1.549
2.64	1.002	1.609	2.84	0.961	1.543
2.66	0.998	1.603	2.86	0.958	1.538
2.68	0.993	1.595	2.88	0.954	1.532

（4）分散剂校正：密度计刻度系以纯水为准，当悬液中加入分散剂时，相对密度增大，故需加以校正。

注纯水入量筒，然后加分散剂，使量筒溶液达 1000mL。用搅拌器在量筒内沿整个深度上下搅拌均匀，恒温至 20℃。然后将密度计放入溶液中，测记密度计读数。此时密度计读数与 20℃时纯水中读数之差，即为分散剂校正值。

（5）土样的分散处理，采用分散剂。对于使用各种分散剂均不能分散的土样（如盐渍土等），需进行洗盐。对于一般易分散的土，用 25% 氨水作为分散剂，其用量为：3g 土样中加氨水 1mL。

6. 试验步骤

（1）将称好的风干土样倒入三角烧瓶中，注入蒸馏水 200mL，浸泡一夜。按前述规定加入分散剂。

（2）将三角烧瓶稍加摇荡后，放在电热器上煮沸 40min（若用氨水分散时，要用冷凝管装置；若用阳离子交换树脂时，则不需煮沸）。

（3）将煮沸后冷却的悬液倒入烧杯中，静置 1min。将上部悬液通过 0.075mm 筛，注入 1000mL 量筒中。杯中沉土用带橡皮头的玻璃棒细心研磨。加水入杯中，搅拌后静置 1min，再将上部悬液通过 0.075mm 筛，倒入量筒。反复进行，直至静置 1min 后，上部悬液澄清为止。最后将全部土粒倒入筛内，用水冲洗至仅有大于 0.075mm 净砂为止。注意量筒内的悬液总量不要超过 1000mL。

（4）将留在筛上的砂粒洗入皿中，风干称量，并计算各粒组颗粒质量占总土质量的百分比。

（5）向量筒中注入蒸馏水，使悬液恰为 1000mL（如用氨水作分散剂，这时应再加入 25% 氨水 0.5mL，其数量包括在 1000mL 内）。

（6）用搅拌器在量筒内沿整个悬液上下搅拌 1min，往返 30 次，使悬液均匀分布。

（7）取出搅拌器，同时开动秒表。测记 0.5min、1min、5min、15min、30min、60min、120min、240min 及 1440min 的密度计读数，直至小于某粒径的土重百分数小于 10% 为止。每次读数

前 10~20s 将密度计小心放入量筒至约接近估计读数的深度。读数以后,取出密度计
(0.5min 及 1min 读数除外),小心放入盛有清水的量筒中。每次读数后均须测记悬液温度,
精确至 0.5℃。

(8)如一次做一批土样(20 个),可先做完每个量筒的 0.5min 及 1min 读数,再按以上步
骤将每个土样悬液重新依次搅拌一次。然后分别测记各规定时间的读数。同时在每次读数
后测记悬液的温度。

(9)密度计读数均以弯月面上缘为准。甲种密度计应准确至 1,估读至 0.1;乙种密度计
应准确至 0.001,估读至 0.0001。为方便读数,采用间读法,即 0.001 读作 1,而 0.0001 读作
0.1。这样既便于读数,又便于计算。

7. 试验记录

试验记录见表 1-16。

颗粒分析试验记录(甲种密度计) 表 1-16

工 程 名 称＿＿＿＿＿＿＿　　土 粒 比 重＿＿＿＿＿＿＿　　试 验 者＿＿＿＿＿＿＿

土 样 编 号＿＿＿＿＿＿＿　　比重校正值＿＿＿＿＿＿＿　　计 算 者＿＿＿＿＿＿＿

土 样 说 明＿＿＿＿＿＿＿　　密 度 计 号＿＿＿＿＿＿＿　　校 核 者＿＿＿＿＿＿＿

烘干土质量＿＿＿＿＿＿＿　　量 筒 编 号＿＿＿＿＿＿＿　　试 验 日 期＿＿＿＿＿＿＿

下沉时间	悬液温度	密度计读数	温度校正值	分散剂校正值	刻度及弯液面校正	R	R_H	土粒沉降落距	粒径	小于某粒径的土质量百分数
t (min)	T (℃)	R_m	m_t	C_D	n	$R_m + m_t +$ $n - C_D$	RC_G	L (cm)	d (mm)	X (%)
0.5										
1										
5										
15										
30										
60										
120										
240										

8. 结果整理

(1)小于某粒径的试样质量占试样总质量的百分比按下列公式计算:

①甲种密度计

$$X = \frac{100}{m_s} C_G (R_m + m_t + n - C_D) \tag{1-25}$$

$$C_G = \frac{\rho_s}{\rho_s - \rho_{w20}} \times \frac{2.65 - \rho_{w20}}{2.65} \tag{1-26}$$

式中:X——小于某粒径的土质量百分数(%),精确至 0.1;

m_s——试样质量(干土质量)(g);

C_G——比重校正值,查表1-15;

ρ_s——土粒密度(g/cm^3);

ρ_{w20}——20℃时水的密度(g/cm^3);

m_t——温度校正值,查表1-14;

n——刻度及弯月面校正值;

C_D——分散剂校正值;

R_m——甲种密度计读数。

②乙种比重计读数

$$X = \frac{100V}{m_s}C'_G\left[(R'_m - 1) + m'_t + n' - C'_D\right]\rho_{w20} \tag{1-27}$$

$$C'_G = \frac{\rho_s}{\rho_s - \rho_{w20}} \tag{1-28}$$

式中:X——小于某粒径的土质量百分数(%),精确至0.1;

V——悬液体积(1000mL);

m_s——试样质量(干土质量)(g);

C'_G——比重校正值,查表1-15;

ρ_s——土粒密度(g/cm^3);

n'——刻度及弯月面校正值;

C'_D——分散剂校正值;

R'_m——乙种密度计读数;

ρ_{w20}——20℃时水的密度(g/cm^3);

m'_t——温度校正值,查表1-14。

(2)土粒直径按下列公式计算:

$$d = \sqrt{\frac{1800 \times 10^4 \eta}{(G_s - G_{wt})\rho_{w4}g} \times \frac{L}{t}} \tag{1-29}$$

式中:d——土粒直径(mm),计算至0.0001且含两位以上有效数字;

η——水的动力黏滞系数(参见"渗透试验")($10^{-6}Pa \cdot s$);

ρ_{w4}——4℃时水的密度(g/cm^3);

G_s——土粒比重;

G_{wt}——温度t℃时水的比重;

L——某一时间t内的土粒沉降距离(cm);

g——重力加速度($9.81m/s^2$);

t——沉降时间(s)。

(3)以小于某粒径的颗粒百分数为纵坐标,以粒径(mm)为横坐标,在半对数纸上,绘制粒径分配曲线(图1-11)。求出各粒组的颗粒质量百分数,并且不大于d_{10}的数据点至少有一个。

9.试验说明

(1)密度计法适用于粒径小于0.075mm的细粒土。

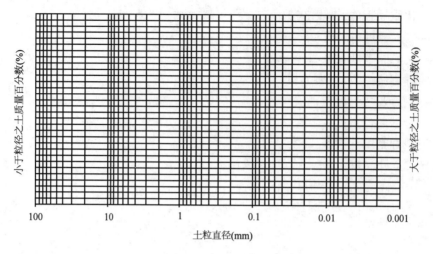

图 1-11　土的粒径分配曲线

（2）由于不同浓度溶液液的表面张力不同，弯月面的上升高度也不同。密度计在生产后其刻度与密度计的几何形状、质量等均有关。因此，需进行刻度、有效沉降距离和弯月面的校正。

（3）《公路土工试验规程》（JTG E40—2007）选用的试剂供作分散处理和洗盐之用，其中六偏磷醋钠和焦磷酸钠属强分散剂。

（4）密度计分析用的土样采用风干土，试样质量为 30g，即悬液浓度为 3%。

（5）密度计应进行温度、土粒比重和分散剂的校正。

（6）《公路土工试验规程》（JTG E40—2007）规定对易溶盐含量超过总量 0.5% 的土样需进行洗盐，采用过滤法。

（7）《公路土工试验规程》（JTG E40—2007）所规定的试验步骤适用于甲、乙两种密度计。

第五节　界限含水率试验

一、概述

黏质土的物理状态随着含水率的变化而变化，当含水率不同时，黏质土可分别处于固态、半固态、可塑状态及流动状态。黏质土从一种状态转到另一种状态的分界含水率称为界限含水率。土从流动状态转到可塑状态的界限含水率称为土的液限 ω_L；土从可塑状态转到半固体状态的界限含水率称为塑限 w_p；土从半固体状态不断蒸发水分，则体积逐渐缩小，直到体积不再缩小时的界限含水率称为缩限 w_s。

土的塑性指数 I_p 是液限与塑限的差值，由于塑性指数在一定程度上综合反映了影响黏质土特征的各种重要因素，因此，黏质土常按塑性指数进行分类。土的液性指数 I_L 是指黏质土的天然含水率和塑限的差值与塑性指数之比。液性指数可用来表示黏质土所处的稠度或软硬状态，所以土的界限含水率是计算土的塑性指数和液性指数不可缺少的指标，土的界限含水率还可以作为经验估算地基承载力的重要数据。

界限含水率试验要求土的颗粒粒径小于 0.5mm,有机质含量不超过试样总质量的 5%,且宜采用天然含水率的试样,也可采用风干试样,当试样中含有粒径大于 0.5mm 的土粒或杂质时,应过 0.5mm 的筛。

二、试验方法

测定土的液限:液塑限联合测定、碟式仪。

测定土的塑限:液塑限联合测定、滚搓法。

测定土的缩限:收缩皿法。

(一)液限和塑限联合测定法

1.目的和适用范围

(1)本试验的目的是联合测定土的液限和塑限,用于划分土类、计算天然稠度和塑性指数,供公路工程设计和施工使用。

(2)本试验适用于粒径不大于 0.5mm、有机质含量不大于试样总质量 5% 的土。

2.仪器设备

(1)圆锥仪:锥质量为 100g 或 76g,锥角为 30°,读数显示形式宜采用光电式(图 1-12)、数码式、游标式、百分表式。

(2)盛土杯:直径 50mm,深度 40~50mm。

(3)天平:称量 200g,感量 0.01g。

(4)其他:筛(孔径 0.5mm)、调土刀、调土皿、称量盒、研钵(附带橡皮头的研杆或橡皮板、木棒)、干燥器、吸管、凡士林等。

图 1-12　光电式液塑限联合测定仪

3.试验步骤

(1)取具有代表性的天然含水率或风干土样进行试验。土中若含有大于 0.5mm 的土粒或杂物时,应将风干土用带橡皮头的研杆研碎,过 0.5mm 筛。

取 0.5mm 筛下的代表性土样 200g,分开放入三个盛土皿中,加不同数量的蒸馏水,土样的含水率分别控制在液限(a 点)、略大于塑限(c 点)和二者的中间状态(b 点)。用调土刀调匀,盖上湿布,放置 18h 以上。测定。点的锥入深度,对于 100g 锥应为 20mm±0.2mm,对于 76g 锥应为 17mm,测定 c 点的锥入深度,对于 100g 锥应控制在 5mm 以下,对于 76g 锥应控制在 2mm 以下。对于砂类土,用 100g 锥测定 c 点的锥入深度可大于 5mm,用 76g 锥测定 c 点的锥入深度可大于 2mm。

(2)将制备好的土样充分搅拌均匀,分层装入土杯,用力压密使空气逸出。对于较干的土样,应先充分揉搓,用调土刀反复压实。试杯装满后,刮成与杯边齐平。

(3)当用游标式或百分表式液限塑限联合测定仪试验时,调平仪器,提起锥杆(此时游标或百分表读数为零),锥头上涂少许凡士林。

(4)将装好土样的试杯放在联合测定仪的升降座上,转动升降旋钮,待锥尖与土样表面刚好接触时停止升降,扭动锥下降旋钮,同时开动秒表,经 5s 时,松开旋钮,锥体停止下落,此时游标读数即为锥入深度 h_1。

（5）改变锥尖与土样的接触位置（锥尖两次锥入位置距离不小于1cm），重复步骤（4），测得锥入深度 h_2，两次锥入深度允许平行误差为0.5mm，否则应重做。取 h_1、h_2 平均值作为该点的锥入深度 h。

（6）去掉锥尖入土处的凡士林，取10g以上土样两个，分别装入称量盒内，称质量（准确至0.01g），测其含水率 w_1、w_2（精确至0.1%）。计算含水率平均值 w。

（7）重复以上步骤（2）~（6），对其他两个不同含水率的土样进行试验，测其锥入深度和含水率。

（8）用光电式或数码式液限塑限联合测定仪测定时，接通电源，调平机身，打开开关，提上锥体（此时刻度或数码显示应为零）。将装好土样的试杯放在升降座上，转动升降旋钮，试杯徐徐上升，土样表面和锥尖刚好接触，指示灯亮，停止转动旋钮，锥体立刻自行下沉，5s时，自动停止下落，读数窗上或数码管上显示锥入深度。试验完毕，按动复位按钮，锥体复位，读数显示为零。

4. 试验记录

试验记录见表1-17。

液限塑限联合测定试验记录　　　　　　　　　　表1-17

工程名称＿＿＿＿＿＿＿＿＿＿　　　　　　试 验 者＿＿＿＿＿＿＿＿＿＿

土样编号＿＿＿＿＿＿＿＿＿＿　　　　　　计 算 者＿＿＿＿＿＿＿＿＿＿

取土深度＿＿＿＿＿＿＿＿＿＿　　　　　　校 核 者＿＿＿＿＿＿＿＿＿＿

土样设备＿＿＿＿＿＿＿＿＿＿　　　　　　试验日期＿＿＿＿＿＿＿＿＿＿

试 验 项 目		试 验 次 数		
		1	2	3
入土深度 （mm）	h_1			
	h_2			
	$(h_1 + h_2)/2$			
盒号				
盒质量(g)				
盒＋湿土质量(g)				
盒＋干土质量(g)				
水分质量(g)				
干土质量(g)				
含水率(%)				
平均含水率(%)				
液限(%)				
塑限(%)				
塑性指数				

5. 结果整理

（1）在双对数坐标上，以含水率 w 为横坐标，锥入深度 h 为纵坐标，点绘 a、b、c 三点含水

率的 h-w 图(图1-13)。连此三点,应呈一条直线。如三点不在同一直线上,要通过 a 点与 b、

c 两点连成两条直线,根据液限(a 点含水率)在 h_p-w_L 图上查得 h_p,以此 h_p 再在 h-w 的 ab 及 ac 两直线上求出相应的两个含水率。当两个含水率的差值小于2%时,以该两点含水率的平均值与 a 点连成一直线。当两个含水率的差值不小于2%时,应重做试验。

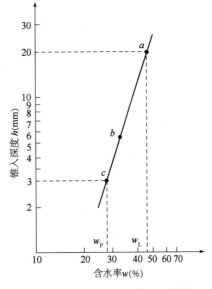

图1-13 锥入深度与含水率(h-w)关系

(2)液限的确定方法。

①若采用76g锥做液限试验,则在 h-w 图上,查得纵坐标入土深度 h = 17mm 所对应的横坐标的含水率 w,即为该土样的液限 w_L。

②若采用100g锥做液限试验,则在 h-w 图上,查得纵坐标入土深度 h = 20mm 所对应的横坐标的含水率 w,即为该土样的液限 w_L。

(3)塑限的确定方法。

①根据上述方法求出的液限,通过76g锥入土深度 h 与含水率 w 的关系曲线(图1-13),查得锥入土深度为2mm所对应的含水率即为该土样的塑限 w_p。

②根据上述液限确定方法的步骤②求出的液限,通过液限 w_L 与塑限时入土深度 h_p 的关系曲线(图1-14),查得 h_p,再由图1-13求出入土深度为 h_p 时所对应的含水率,即为该土样的塑限 w_p。查 h_p-w_L 关系图时,需先通过简易鉴别法及筛分法把砂类土与细粒土区别开来,再按这两种土分别采用相应的 h_p-w_L 关系曲线;对于细粒土,用双曲线确定 h_p 值;对于砂类土,则用多项式曲线确定 h_p 值。

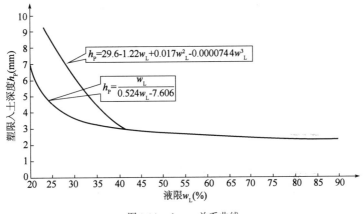

$$h_p = 29.6 - 1.22 w_L + 0.017 w_L^2 - 0.0000744 w_L^3$$

$$h_p = \frac{w_L}{0.524 w_L - 7.606}$$

图1-14 h_p-w_L 关系曲线

6.精密度和允许差

本试验须进行两次平行测定,取其算术平均值,以整数(%)表示。其允许差值为:高液限土小于或等于2%;低液限土小于或等于1%。

7.试验说明

试样制备好坏对液限塑限联合测定的精度具有头等重要意义。制备试样应均匀、密实。

一般制备三个试样。一个要求含水率接近液限(入土深度20mm ± 0.2 mm);一个要求含水率接近塑限;一个居中。否则,就不容易控制曲线的走向。对于联合测定精度最有影响的是靠近塑限的那个试样。可以先将试样充分搓揉,并将土块紧密地压入容器,刮平,待测。当含水率等于塑限时,对控制曲线走向最有利,但此时试样很难制备,必须充分搓揉,使土的断面上无孔隙存在。为便于操作,根据实际经验含水率可略放宽,以入土深度不大于4mm为限。

(二)塑限滚搓法

1. 适用范围

适用于粒径小于0.5mm以及有机质含量不大于试样总质量5%的土。

2. 仪器设备

(1)毛玻璃板:尺寸宜为200mm×300mm。

(2)天平:感量0.01g。

(3)其他:烘箱、干燥器、称量盒、调土皿、直径3mm的铁丝等。

3. 试验步骤

(1)取具有代表性的天然含水量或风干土样进行试验。土中若含有大于0.5mm的土粒或杂物时,应将风干土用带橡皮头的研杵研碎,过0.5mm筛。

取0.5mm筛下的代表性土约50g备用。为在试验前使试样的含水率接近塑限,可将试样在手中捏揉至不粘手为止,或放在空气中稍为晾干。

(2)取含水率接近塑限的试样一小块,先用手搓成椭圆形,然后再用手掌在毛玻璃板上轻轻滚搓。滚搓时须以手掌均匀施压力于土条上,不得将土条在玻璃板上进行无压力的滚动。土条长度不宜超过手掌宽度,并在滚搓时不应从手掌下任一边脱出。土条在任何情况下不允许产生中空现象。

(3)继续滚搓土条,直至土条直径达3mm时,产生裂缝并开始断裂为止。若土条搓成3mm时仍未产生裂缝及断裂,表示这时试样的含水率高于塑限,则将其重新捏成一团,重新滚搓;如土条直径大于3mm时开始断裂,表示试样含水率小于塑限,应弃去,重新取土加适量水调匀后再搓,直至合格。若土条在任何含水率下始终搓不到3mm即开始断裂,则认为该土无塑性。

(4)收集3~5g合格的断裂土条,放入称量盒内,随即盖紧盒盖,测定其含水率。

4. 试验记录

试验记录见表1-18。

塑限滚搓法试验记录

表1-18

工程编号_____ 试验者_____

土样说明_____ 计算者_____

试验日期_____ 校核者_____

盒号		1	2
盒质量(g)	(1)		
盒+湿土质量(g)	(2)		
盒+干土质量(g)	(3)		

盒号		1	2
水分质量(g)	(4) = (2) - (3)		
干土质量(g)	(5) = (3) - (1)		
塑限含水率(%)	(6) = $\frac{(4)}{(5)}$		
平均塑限含水率(%)	(7)		

5. 结果整理

按下式计算塑限：

$$w_\mathrm{p} = \left(\frac{m_1}{m_2} - 1\right) \times 100 \qquad (1\text{-}30)$$

式中：w_p——塑限(%)，精确至0.1；

m_1——湿土质量(g)；

m_2——干土质量(g)。

6. 精密度和允许差

本试验需进行两次平行测定，取其算术平均值，以整数(%)表示。其允许差值为：高液限土小于或等于2%；低液限土小于或等于1%。

7. 有关说明

塑限试验长期以来采用滚搓法。该法虽存在许多缺点，如标准不易掌握，人为因素较大，但由于该试验法的物理概念明确，且试验人员已在实践中积累了许多经验，故有很多国家采用此法。

(三)缩限试验

1. 适用范围

土的缩限是扰动的黏质土在饱和状态下，因干燥收缩至体积不变时的含水率。本试验适用于粒径小于0.5mm和有机质含量不超过5%的土。

2. 仪器设备

(1)收缩皿(或环刀)：直径4.5~5cm，高2~3cm。

(2)天平：感量0.01g。

(3)电热恒温烘箱或其他含水率测定装置。

(4)蜡、烧杯、细线、针。

(5)卡尺：分度值0.02mm。

(6)其他：制备含水率大于液限的土样所需的仪器。

3. 试验步骤

(1)制备土样：取具有代表性的土样，制备成含水率大于液限的土膏。

(2)在收缩皿内涂一薄层凡士林，将土样分层装入皿内，每次装入后将皿底拍击试验台，直至驱尽气泡为止。

(3)土样装满后，用刀或直尺刮去多余土样，立即称收缩皿加湿土质量。

(4)将盛满土样的收缩皿放在通风处风干,待土样颜色变淡后,放入烘箱中烘至恒重,然后放在干燥器中冷却。

(5)称收缩皿和干土总质量,精确至0.01g。

(6)用蜡封法测定试样体积。

4.试验记录

试验记录见表1-19。

扰动土收缩试验记录 表1-19

工 程 名 称＿＿＿＿＿＿＿＿＿＿　　　　试 验 者＿＿＿＿＿＿＿＿＿＿

土 样 编 号＿＿＿＿＿＿＿＿＿＿　　　　计 算 者＿＿＿＿＿＿＿＿＿＿

土 样 说 明＿＿＿＿＿＿＿＿＿＿　　　　校 核 者＿＿＿＿＿＿＿＿＿＿

土样制备说明＿＿＿＿＿＿＿＿＿＿　　　　试 验 日 期＿＿＿＿＿＿＿＿＿＿

室内编号	I		II	
收缩皿编号	1	2	3	4
液限 w_L（％）				
皿＋湿土质量 m_1（g）				
皿＋干土质量 m_2（g）				
皿的质量 m_3（g）				
含水率 w（％） $\dfrac{m_1-m_2}{m_2-m_3}\times100$				
皿的容积 V_1（cm³）				
干土体积 V_2（cm³）				
缩限平均值 w_s（％） $\dfrac{V_1-V_2}{m_2-m_3}\times\rho_w\times100$				
收缩指数 I_s w_L-w_s				

5.结果整理

(1)缩限:含水率达液限的土在105～110℃下水分继续蒸发至体积不变时的含水率叫做缩限,用下式计算:

$$w_s = w - \frac{V_1 - V_2}{m_s} \times \rho_w \times 100 \qquad (1-31)$$

式中: w_s——缩限（％）,精确至0.1;

$\quad w$——试验前试样含水率（％）;

$\quad V_1$——湿试件体积（即收缩皿容积）（cm³）;

$\quad V_2$——干试件体积（cm³）;

$\quad m_s$——干试件质量（g）;

ρ_w ——水的密度，$\rho_w = 1 \text{g/cm}^3$。

（2）收缩指数：液限与缩限之差称收缩指数，按下式计算：

$$I_s = w_L - w_s \tag{1-32}$$

式中：I_s ——收缩指数（％），精确至0.1；

w_L ——土的液限（％）。

6. 精密度和允许差

本试验需进行两次平行测定，取其算术平均值，精确至0.1％。平行差值，高液限土不得大于2％，低液限土不得大于1％。

7. 试验说明

（1）缩限试验所用收缩皿，其直径最好大于高度，以便于蒸发干透，也可用液限试验杯代替。但环刀是不适宜的，因它不方便振动排气，不方便挤压，同时环刀与玻璃杯之间容易跑水流土。

（2）分层装填试样时，要注意不断挤压拍击，以充分排气。否则，不符合体积收缩等于水分减少的基本假定，而使计算结果失真。收缩皿底和皿壁要平滑弯曲，为的是易于装土排气。改用蜡封法代替水银排开法测定体积，在于防止污染。

第二章　土的水理性质试验

第一节　土的渗透性

土孔隙中的自由水在压力差作用下发生运动的现象,称为土的渗透性。在工程中常需要了解土的渗透性。例如,基坑开挖排水时,需要了解土的渗透性,以配置合适的排水设备;在河滩上修筑渗水路堤时,需要考虑路堤填料的渗透性;在计算饱和黏性土上建筑物的沉降与时间关系时,需要掌握土的渗透性。

一、达西渗透定律

由于土的孔隙细小,在大多数情况下水在孔隙中的流速较小,可以认为是属于层流(即水流流线互相平行的流动)。那么土中水的渗流规律可以认为是符合层流渗透定律,这个定律是法国学者达西(H. Darey)根据砂土的试验结果而得到的,也称达西定律。它是指水在土中的渗透速度与水头梯度成正比, 即

$$V = kI \tag{2-1}$$

式中:V——渗透速度(m/s);

　　I——水头梯度;

　　k——渗透系数。

由于达西定律只适用于层流的情况,故一般只适用于中砂、细砂、粉砂等。对粗砂、砾石、卵石等粗颗粒土就不适用,因为这时水的渗流速度较大,已不是层流而是紊流。黏土中的渗流规律需对达西定律进行修正。在黏土中,土颗粒周围存在着结合水,结合水因受到分子引力作用而呈现黏滞性。因此,黏土中自由水的渗流受到结合水的黏滞作用产生很大阻力,只有克服结合水的抗剪强度后才能开始渗流。我们把克服此抗剪强度所需要的水头梯度,称为黏土的起始水头梯度 I_0。这样,在黏土中,应按下述修正后的达西定律计算渗流速度:

$$V = k(I - I_0) \tag{2-2}$$

二、土的渗透系数

渗透系数是综合反应土体渗透能力的一个指标,其数值的正确确定对于渗透计算有着非常重要的意义,渗透系数可以通过常水头或变水头渗透试验进行测定。

第二节　常水头渗透试验

常水头渗透试验是通过土样的渗流在恒水头差作业下进行的渗透试验,适用于粗粒土渗透系数的测定。

1. 适用范围

(1)本试验方法适用于砂类土和含少量砾石的无凝聚性土。

(2)试验用水应采用实际作用于土的天然水。如有困难,允许用蒸馏水或一般经过滤的清水,但试验前必须用抽气法或煮沸法脱气。试验时水温宜高于试验室温度 3~4℃。

2. 仪器设备

(1)常水头渗透仪(70 型渗透仪):如图 2-1,图 2-2 所示,其中有封底圆筒高 40cm,内径 10cm;金属孔板距筒底 6cm。有三个测压孔,测压孔中心间距 10cm,与筒边连接处有铜丝网;玻璃测压管内径为 0.6cm,用橡皮管与测压孔相连。

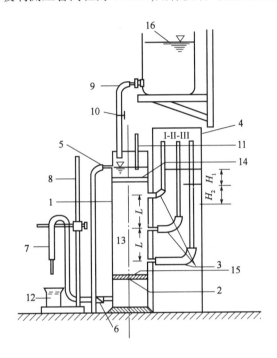

图 2-1 常水头渗透仪装置

1-金属圆筒;2-金属孔板;3-测压孔;4-测压管;5-溢水孔;6-渗水孔;7-调节管;8-滑动支架;9-供水管;10-止水夹;11-温度计;12-量杯;13-试样;14-砾石层;15-铜丝网;16-供水瓶

图 2-2 常水头渗透仪

(2)其他:木锤、秒表、天平等。

3. 试验步骤

(1)按图 2-1 将仪器装好,接通调节管和供水管,使水流到仪器底部,水位略高于金属孔板,关止水夹。

(2)取具有代表性土样 3~4kg,称量,精确至 1.0g,并测其风干含水率。

(3)将土样分层装入仪器,每层厚 2~3cm,用木锤轻轻击实到一定厚度,以控制孔隙比。如土样含黏粒比较多,应在金属孔板上加铺约 2cm 厚的粗砂作为缓冲层,以防细粒被水冲走。

(4)每层试样装好后,慢慢开启止水夹,水由筒底向上渗入,使试样逐渐饱和。水面不得高出试样顶面。当水与试样顶面齐平时,关闭止水夹。饱和时水流不可太急,以免冲动试样。

(5)如此分层装入试样、饱和,至高出测压孔 3~4cm 为止,量出试样顶面至筒顶高度,计算试样高度,称剩余土质量,精确至 0.1g,计算装入试样总质量。在试样上面铺 1~2cm 砾石作缓冲层,放水,至水面高出砾石层 2cm 左右时,关闭止水夹。

(6)将供水管和调节管分开,将供水管置入圆筒内,开启止水夹,使水由圆筒上部注入,至水面与溢水孔齐平为止。

(7)静置数分钟,检查各测压管水位是否与溢水孔齐平,如不齐平,说明仪器有集气或漏气,需挤压测压管上的橡皮管,或用吸球在测压管上部将集气吸出,调至水位齐平为止。

(8)降低调节管的管口位置,水即渗过试样,经调节管流出。此时调节止水夹,使进入筒内的水量多于渗出水量,溢水孔始终有余水流出,以保持筒中水面不变。

(9)测压管水位稳定后,测记水位,计算水位差。

(10)开动秒表,同时用量筒接取一定时间的渗透水量,并重复一次。接水时,调节管出水口不浸入水中。

(11)测记进水和出水处水温,取其平均值。

(12)降低调节管管口至试样中部及下部 1/3 高度处,改变水力坡降 $\dfrac{H}{L}$,重复步骤(8)~(11)进行测定。

4.试验记录

试验记录见表 2-1。

常水头渗透试验记录　　　　　　　　　　　　　表 2-1

工程名称_____　仪器编号_____　试样高度 $h=$ _____　孔隙比 $e=$ _____
试 验 者_____　土样编号_____　测压孔间距 $L=$ _____　试样干质量 $m_s=$ _____
计 算 者_____　校核者_____　土 样 说 明_____　试样断面积 $A=$ _____
土粒比重 $G_s=$ _____　　　　　　试 验 日 期_____

试验次数	经过时间 T (s)	测压管水位			水 位 差			水力坡降 J	渗透水量 Q (cm³)	渗透系数 k_t (cm/s)	平均水温 t (℃)	校正系数 $\dfrac{\eta_t}{\eta_{20}}$	水温 20℃时的渗透系数 k_{20} (cm/s)	平均渗透系数 $\overline{k_{20}}$
		1 管 (cm)	2 管 (cm)	3 管 (cm)	H_1 (cm)	H_2 (cm)	平均 H (cm)							
(1)	(2)	(3)	(4)	(5)	(6)	(7)	(8)	(9)	(10)	(11)	(12)	(13)	(14)	(15)
					(3)-(4)	(4)-(5)	$\dfrac{(6)+(7)}{2}$	$\dfrac{(8)}{(10)}$		$\dfrac{(10)}{A(9)(2)}$			(11)×(13)	$\dfrac{\Sigma(14)}{n}$

5. 结果整理

(1)按下式计算干密度及孔隙比:

$$\rho_d = \frac{m_s}{Ah} \tag{2-3}$$

$$e = \frac{G_s}{\rho_d} \tag{2-4}$$

式中:ρ_d——干密度(g/cm^3),精确至0.01;

e——试样孔隙比,精确至0.01;

m_s——试样干质量(g);

A——试样断面积(m^2);

h——试样高度(m);

G_s——土粒比重。

$$m_s = \frac{m}{1 + w_h} \tag{2-5}$$

式中:m——风干试样总质量(g);

w_h——风干含水率(%)。

(2)按下式计算渗透系数:

$$k_t = \frac{QL}{AHt} \tag{2-6}$$

式中:k_t——水温t℃时试样渗透系数(cm/s),保留三位有效数字;

Q——时间t内的渗透水量(cm^3);

L——两测压孔中心之间的试样高度(等于测压孔中心间距:$L = 10cm$)

H——平均水位差(cm);

t——时间(s)。

$$H = \frac{H_1 + H_2}{2} \tag{2-7}$$

式中:H_1、H_2——测压孔读数,见图2-1。

(3)标准温度下的渗透系数按下式计算:

$$k_{20} = k_t \cdot \frac{\eta_t}{\eta_{20}} \tag{2-8}$$

式中:k_{20}——标准水温(20℃)时试样的渗透系数(cm/s),保留三位有效数字;

η_t——t℃时水的动力黏滞系数(kPa·s);

η_{20}——20℃时水的动力黏滞系数(kPa·s);

$\dfrac{\eta_t}{\eta_{20}}$——黏滞系数比,见表2-2。

水的动力黏滞系数 η_t、黏滞系数比 $\dfrac{\eta_t}{\eta_{20}}$ 表 2-2

温度 t （℃）	动力黏滞系数 η_t （10^{-6}kPa·s）	$\dfrac{\eta_t}{\eta_{20}}$	温度 t （℃）	动力黏滞系数 η_t （10^{-6}kPa·s）	$\dfrac{\eta_t}{\eta_{20}}$
10.0	1.310	1.297	20.0	1.010	1.000
10.5	1.292	1.279	20.5	0.998	0.988
11.0	1.274	1.261	21.0	0.986	0.976
11.5	1.256	1.243	21.5	0.974	0.964
12.0	1.239	1.227	22.0	0.963	0.953
12.5	1.223	1.211	22.5	0.952	0.943
13.0	1.206	1.194	23.0	0.941	0.932
13.5	1.190	1.178	23.5	0.930	0.921
14.0	1.175	1.163	24.0	0.920	0.910
14.5	1.160	1.148	24.5	0.909	0.900
15.0	1.144	1.133	25.0	0.899	0.890
15.5	1.130	1.119	25.5	0.889	0.880
16.0	1.115	1.104	26.0	0.879	0.870
16.5	1.101	1.090	26.5	0.869	0.861
17.0	1.088	1.077	27.0	0.860	0.851
17.5	1.074	1.066	27.5	0.850	0.842
18.0	1.061	1.050	28.0	0.841	0.833
18.5	1.048	1.038	28.5	0.832	0.824
19.0	1.035	1.025	29.0	0.823	0.815
19.5	1.022	1.012	29.5	0.814	0.806

6. 精密度和允许差

一个试样多次测定时，应在所测结果中取 3～4 个允许差值符合规定的测值，求平均值，作为该试样在某孔隙比 e 时的渗透系数。允许差值不大于 2×10^{-n}。

7. 试验说明

渗透系数与水的动力黏滞系数成反比，而动力黏滞系数与温度有关，为此，在计算中要换算到标准温度下的渗透系数。关于标准温度，各国极不统一，美国采用 20℃，日本采用 15℃，苏联采用 10℃。为了与国标取得一致，故《公路土工试验规程》（JTG E40—2007）也以 20℃ 作为标准温度。

关于试验用水问题，水中含气体对渗透系数的影响，主要是由于水中气体分离，形成气泡堵塞土的孔隙，使渗透系数降低。因此，试验中要求用无气水，用实际作用于土中的天然水更好。《公路土工试验规程》(JTG E40—2007)规定用过滤后的纯水进行脱气,并规定水温高于室温3~4℃,目的是避免水进入试样因温度升高而分解出气泡。

第三节　变水头渗透试验

变水头渗透试验是指通过土样的渗流在变化的水头压力下进行的渗透试验,适用于细粒土渗透系数的测定。

1. 适用范围

本试验方法适用于细粒土。本试验采用的蒸馏水,应在试验前用抽气法或煮沸法进行脱气。试验时的水温,宜高于室温3~4℃。

2. 仪器设备

(1)渗透容器:见图2-3,由环刀、透水石、套环、上盖和下盖组成。环刀内径61.8mm,高40mm;透水石的渗透系数应大于10^{-3}cm/s。

(2)变水头装置:由温度计(分度值0.2℃)、渗透容器、变水头管、供水瓶、进水管等组成(图2-3)。变水头管的内径应均匀,管径不大于1cm,管外壁应有最小分度为1.0mm的刻度,长度宜为2m左右,如图2-4所示。

(3)其他:切土器、温度计、削土刀、秒表、钢丝锯、凡士林。

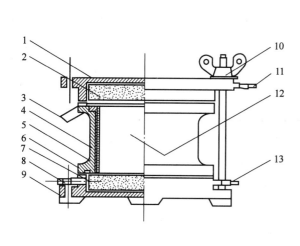

图2-3　渗透容器

1-上盖;2-透水石;3-橡皮圈;4-环刀;5-盛土筒;6-橡皮圈;
7-透水石;8-排气孔;9-下盖;10-固定螺杆;11-出水孔;
12-试样;13-进水孔

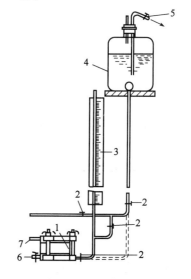

图2-4　变水头渗透装置

1-渗透容器;2-进水管夹;3-变水头管;4-供水瓶;5-接水源管;6-排气水管;7-出水管

3. 试验步骤

(1)将装有试样的环刀装入渗透容器,用螺母旋紧,要求密封至不漏水、不漏气。对不易透水的试样,进行抽气饱和;对饱和试样和较易透水的试样,直接用变水头装置的水头进行饱和。

（2）将渗透容器的进水口与变水头管连接，利用供水瓶中的纯水向进水管注满水，并渗入渗透容器，开排气阀，排除渗透容器底部的空气，直至溢出水中无气泡，关排水阀，放平渗透容器，关进水管夹。

（3）向进水头管注纯水，使水升至预定高度，水头高度根据试样结构的疏松程度确定，一般不应大于2m，待水位稳定后切断水源，开进水管夹，使水通过试样。当出水口有水溢出时开始测记变水头管中起始水头高度和起始时间，按预定时间间隔测记水头和时间的变化，并测记出水口的温度，精确至0.2℃。

（4）将变水头管中的水位变换高度，待水位稳定再进行测记水头和时间变化，重复试验5~6次。当不同开始水头测定的渗透系数在允许差值范围内时，结束试验。

4. 试验记录

试验记录见表2-3。

变水头渗透试验记录   表2-3

工程名称_____   仪 器 编 号_____   土粒比重 G_s =_____   试验者_____

土样编号_____   试样断面积 A =_____   孔 隙 比 e =_____   计算者_____

校 核 者_____   土 样 说 明_____   试样高度 h_i_____

测压管面积 a =_____   试 验 日 期_____

历时 t			开始水头 h_1 (cm)	终了水头 h_2 (cm)	$2.3\dfrac{aL}{At}$	$\lg\dfrac{H_1}{H_2}$	平均水温 t (℃)	水温 t℃时渗透系数 k_t (cm/s)	校正系数 $\dfrac{\eta_t}{\eta_{20}}$	水温20℃时渗透系数 k_{20} (cm/s)	平均渗透系数 $\overline{k_{20}}$ (cm/s)
开始 t_1 （日时分）	终了 t_2 （日时分）	历时 t (s)									
(1)	(2)	(3)	(4)	(5)	(6)	(7)	(8)	(9)	(10)	(11)	(12)
		(2)-(1)								(9)×(10)	$\dfrac{\Sigma(11)}{n}$

5. 结果整理

（1）按式（2-4）和式（2-4）计算干密度及孔隙比：

$$\rho_d = \frac{m_s}{Ah}$$

$$e = \frac{G_s}{\rho_d}$$

（2）按下式计算渗透系数：

$$k_t = 2.3 \cdot \frac{aL}{A(t_2 - t_1)} \lg \frac{H_1}{H_2} \tag{2-9}$$

式中：k_t——水温 t℃时的试样渗透系数（cm/s），保留三位有效数字；

　　　a——变水头管的内径面积（cm²）；

　　　2.3——ln 和 lg 的变换因数；

　　　L——渗径，即试样高度（cm）；

　　　t_1、t_2——分别为测读水头的起始和终止时间（s）；

　　　H_1、H_2——起始和终止水头；

A ——试样的过水面积。

（3）标准温度下的渗透系数按式（2-8）计算：

$$k_{20} = k_t \cdot \frac{\eta_t}{\eta_{20}}$$

式中：k_{20} ——标准水温（20℃）时试样的渗透系数（cm/s），保留三位有效数字；

　　　η_t ——t℃时水的动力黏滞系数（kPa·s）；

　　　η_{20} ——20℃时水的动力黏滞系数（kPa·s）；

　η_t/η_{20} ——黏滞系数比，见表2-2。

第四节　湿 化 试 验

土的湿化是土体在水中发生崩解的现象。

1.目的和适用范围

（1）本试验的目的是测定具有结构性的黏质土体在水中的崩解速度，作为湿法填筑路堤选择土料的标准之一。

（2）本试验方法适用于粒径不大于10mm的土。

2.仪器设备

（1）浮筒：长颈锥体，下有挂钩，颈上有刻度，分度值为5，如图2-5所示。

（2）网板：10cm×10cm。金属方格网，孔眼1cm²，可挂在浮筒下端。

（3）玻璃水筒：宽约15cm，高约70cm，长度视需要而定，内盛清水。

（4）天平：称量500g，分度值0.01g。

（5）其他：烘箱、干燥器、时钟、切土刀、调土皿、称量皿等。

3.试验步骤

（1）按需要取原状土或用扰动土制备成所需状态的土样，用切土刀切边长为50mm的立方体试样6个。

（2）按《公路土工试验规程》（JTG　E40—2007）含水率试验、密度试验中规定测定试样的含水率及密度。

（3）将试样放在网板中央，网板挂在浮筒下，然后手持浮筒颈端，迅速地将试样浸入水筒中，开动秒表。

（4）立即测记开始时浮筒齐水面处刻度的瞬间稳定读数及开始时间。

（5）在试验开始后按1min、3min、10min、30min、60min、2h、3h、4h……测记浮筒齐水面处的刻度读数，并描述各时该试样的崩解情况。根据试样崩解的快慢，可适当缩短或延长测读的时间间隔。

（6）当试样完全通过网板落下后，试验即告结束。当试样长期不崩解时，则记试样在水中的情况，直到6个试样试验完毕。

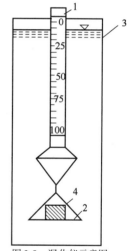

图2-5　湿化仪示意图
1-浮筒；2-网板；3-玻璃水筒；4-试样

4. 试验记录

试验记录见表2-4。

湿化试验记录表　　　　　　　　　　　　　　表2-4

工程名称＿＿＿＿＿＿＿＿＿　　　　　　试验者＿＿＿＿＿＿＿＿＿

土样编号＿＿＿＿＿＿＿＿＿　　　　　　计算者＿＿＿＿＿＿＿＿＿

仪器说明＿＿＿＿＿＿＿＿＿　　　　　　校核者＿＿＿＿＿＿＿＿＿

土样说明＿＿＿＿＿＿＿＿＿　　　　　　试验用水＿＿＿＿＿＿＿＿＿

观察时间 年 月 日 (d:h:min)	经过时间 (h:min)	浮 筒 读 数	浮筒读数差	崩解量 (%)	崩 解 情 况

5. 结果整理

按下式计算崩解量：

$$A_t = \frac{R_t - R_0}{100 - R_0} \times 100 \tag{2-10}$$

式中：A_t——试样在时间 t 时的崩解量（％），精确至 0.01；

R_t——时间 t 时浮筒齐水面处的刻度读数；

R_0——试验开始时浮筒齐水面处刻度的瞬间稳定读数。

6. 精密度和允许差

若干次平行试验的偏差系数 C_v（％）应不大于 10％。

7. 有关说明

（1）用土作为建筑材料的公路工程，直接处于大气中，遭受着气候、水位变化的作用，土体易产生湿化的现象，以至于破裂、剥落或降低其强度和稳定性。另外，在湿法填筑路堤的设计与施工中，需要了解土料湿化崩解的速度，作为取舍料场的依据。因此测定土的湿化性能，是有重要意义的。

（2）试样的选用取决于实际工作条件，如为地基土应采用原状土样；如为填筑的路堤，应取扰动土样，并控制一定的密度和含水率，制备成试样进行试验。

（3）试验中需要测定的指标，主要是土的崩解速度。因此，需要确定读数的时间间隔。

第三章　土的力学性质试验

土的力学性质是指土在外荷载作用下的变形特征及强度性质,研究土的力学性质对土的工程应用非常重要,要保证结构物稳定安全运行,必须保证变形稳定以及强度稳定,因此,必须研究土的力学性质。

第一节　土的压缩性试验

一、基础知识

1.土的压缩性

土在外荷载作用下,水和空气逐渐被挤出,土的骨架颗粒之间相互挤紧,从而引起土层的压缩变形,土在外力作用下体积缩小的特性称为土的压缩性。

土的压缩性主要有两个特点:

(1)土体的压缩变形较大,并且主要是由于孔隙的减少引起的。土是三相体,土体受外力引起的变形包括三部分:①土固体颗粒部分的压缩;②土体孔隙中水的压缩;③水和空气从孔隙中被挤出以及封闭气体被压缩(即孔隙的减少)。据研究,在一般工程中所遇到的压力为 100~600kPa,在此范围内,固体土颗粒和水本身的压缩都很小,可以忽略不计。因此,可以认为土的压缩性是由土中孔隙的减少产生的。

(2)饱和土的压缩需要一定的时间才能完成。由于饱和土体中的孔隙都充满着水,要使孔隙减少,就必须使孔隙中的水被排出,亦即土的压缩过程就是一个孔隙水的排出过程。但是土中孔隙水的排出需要一定的时间。土的颗粒越粗,孔隙越大,则渗透性就越大,土中孔隙水的排出和土体的压缩就越快,反之,黏土颗粒很细,则需要很长的时间。这个过程就叫做渗流固结过程,是土体区别于其他材料压缩性的又一特点。

2.土的压缩性指标

(1)压缩系数 a

由固结试验得到的 $e\text{-}p$ 曲线如图 3-1 所示。在假定土体为各向同性的线弹性体前提下,压缩曲线所反映的非线性压缩规律被简化成线性的关系,即在一般压力变化范围内,用一段割线近似地代替该曲线,此时则有:

$$a = \frac{e_1 - e_2}{p_2 - p_1} \tag{3-1}$$

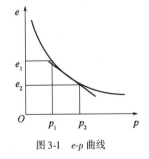

图 3-1　$e\text{-}p$ 曲线

当压力变化不大时,孔隙比变化与压力变化成正比,a 越大土的压缩性就越大。比例常数 a 是割线的斜率,成为土的压缩系数,因次为 kPa^{-1}。

压缩系数 a 不是常数,而与割线的位置有关,一般随压力 p 的增大而减小。工程实用上

常以 $p = 100 \sim 200\text{kPa}$ 时的压缩系数 a_{1-2} 作为评价土层压缩性的标准。

（2）压缩模量 E_s

$$E_s = \frac{1 + e_1}{a} \tag{3-2}$$

（3）压缩指数 C_c

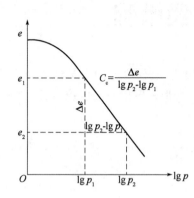

图 3-2 $e\text{-}\lg p$ 曲线

侧限压缩试验曲线还可用 $e\text{-}\lg p$ 曲线表示，如图 3-2 所示。用这种形式表示的优点是，在压力较大的部分，$e\text{-}\lg p$ 曲线接近直线。

因此，压缩规律就可写为：

$$e_1 - e_2 = C_c(\lg p_2 - \lg p_1) = C_c \lg\left(\frac{p_2}{p_1}\right) \tag{3-3}$$

即孔隙比变化与压力的对数值变化成正比。比例常数是该直线段的斜率，称为压缩指数，是无因次量。它也是表征土的压缩性的重要指标。

（4）先期固结压力 p_c

土层在历史上曾经受过的最大压力（亦指有效应力）称为先期固结压力 p_c。

二、试验方法

土的固结试验有单轴固结仪法以及快速试验法。

（一）单轴固结仪法

1. 目的和适用范围

（1）本试验的目的是测定土的单位沉降量、压缩系数、压缩模量、压缩指数、回弹指数、固结系数，以及原状土的先期固结压力等。

（2）本试验方法适用于饱和的黏质土。当只进行压缩时，允许用非饱和土。

2. 仪器设备

（1）固结仪：见图 3-3 和图 3-4 和试样面积 30cm^2 和 50cm^2，高 2cm。

（2）环刀：直径为 61.8mm 和 79.8mm，高度为 20mm。环刀应具有一定的刚度，内壁应保持较高的光洁度，宜涂一薄层硅脂或聚四氟乙烯。

（3）透水石：由氧化铝或不受土腐蚀的金属材料组成，其透水系数应大于试样的渗透系数。用固定式容器时，顶部透水石直径小于环刀内径 $0.2 \sim 0.5\text{mm}$；当用浮环式容器时，上下部透水石直径相等。

（4）变形量测设备：量程 1mm，最小分度为 0.01mm 的百分表或零级位移传感器。

（5）其他：天平、秒表、烘箱、钢丝锯、刮土刀、铝盒等。

3. 试样

（1）根据工程需要切取原状土样或制备所需湿度、密度的扰动土样。切取原状土样时，应使试样在试验时的受压情况与天然土层受荷方向一致。

（2）用钢丝锯将土样修成略大于环刀直径的土柱。然后用手轻轻将环刀垂直下压，边压边修，直至环刀装满土样为止。再用刮刀修平两端，同时注意刮平试样时，不得用刮刀往复涂抹土面。在切削过程中,应细心观察试样并记录其层次、颜色和有无杂质等。

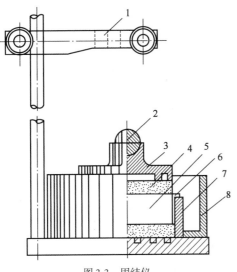

图 3-3　固结仪
　　1-量表架;2-钢珠;3-加压上盖;4-透水石;5-试样;6-环
刀;7-护环;8-水槽

图 3-4　固结仪实物

(3)擦净环刀外壁,称环刀与土总质量,精确至 0.1g,并取环刀两面修下的土样测定含水率。试样需要饱和时,应进行抽气饱和。

4.试验步骤

(1)在切好土样的环刀外壁涂一薄层凡士林,然后将刀口向下放入护环内。

(2)将底板放入容器内,底板上放透水石、滤纸,借助提环螺栓将土样环刀及护环放入容器中,土样上面覆滤纸、透水石,然后放下加压导环和传压活塞,使各部密切接触,保持平稳。

(3)将压缩容器置于加压框架正中,密合传压活塞及横梁,预加 1.0kPa 压力,使固结仪各部分紧密接触,装好百分表,并调整读数至零。

(4)去掉预压荷载,立即加第一级荷载。加砝码时应避免冲击和摇晃,在加上砝码的同时,立即开动秒表。荷载等级一般规定为 50kPa、100kPa、200kPa、300kPa 和 400kPa。有时根据土的软硬程度,第一级荷载可考虑用 25kPa。

(5)如系饱和试样,则在施加第一级荷载后,立即向容器中注水至满。如系非饱和试样,须以湿棉纱围住上下透水面四周,避免水分蒸发。

(6)如需确定原状土的先期固结压力,荷载率宜小于1,可采用0.5 或 0.25 倍,最后一级荷载应大于 1000kPa,使 e-$\lg p$ 曲线下端出现直线段。

(7)如需测定沉降速率、固结系数等指标,一般按 0s、15s、1min、6min、9min、12min、16min、20min、25min、35min、45min、60min、90min、2h、4h、10h、23h、24h 测定土样变形量,至稳定为止。固结稳定的标准是最后 1h 变形量不超过 0.01mm。

当不需测定沉降速度时,则施加每级压力后 24h,测记试样高度变化作为稳定标准。当试样渗透系数大于 10^{-5}cm/s 时,允许以主固结完成作为相对稳定标准。按此步骤逐级加压至试验结束。

注:测定沉降速率仅适用于饱和土。

(8)试验结束后拆除仪器,小心取出完整土样,称其质量,并测定其终结含水率(如不需测定试验后的饱和度,则不必测定终结含水率),并将仪器洗干净。

5. 试验记录

本试验记录格式见表3-1、表3-2和表3-3。

固结试验记录(一) 表3-1

工程名称＿＿＿＿＿＿＿＿＿＿＿＿ 试 验 者＿＿＿＿＿＿＿＿＿＿＿＿

土样编号＿＿＿＿＿＿＿＿＿＿＿＿ 计 算 者＿＿＿＿＿＿＿＿＿＿＿＿

取土深度＿＿＿＿＿＿＿＿＿＿＿＿ 校 核 者＿＿＿＿＿＿＿＿＿＿＿＿

土样说明＿＿＿＿＿＿＿＿＿＿＿＿ 试验日期＿＿＿＿＿＿＿＿＿＿＿＿

含 水 试 验							
试样情况	盒号	盒+湿土质量(g)	盒+干土质量(g)	盒质量(g)	水质量(g)	干土质量(g)	含水率(%)
		(1)	(2)	(3)	(4)	(5)	(6)
		(1)	(2)	(3)	(1)-(2)	(2)-(3)	$\frac{(4)}{(5)}\times100$
试验前	饱和前						
	饱和后						
试验后							
密 度 试 验							
试样情况		环刀+土质量(g)	环刀质量(g)	土质量(g)	试样体积(cm³)	密度(g/cm³)	
		(1)	(2)	(3)	(4)	(5)	
				(1)-(2)		(3)/(4)	
试验前	饱和前						
	饱和后						
试验后							
孔隙比及饱和度计算							
试样情况		试验前			试验后		
含水率(%)							
密度(g/cm³)							
孔隙比							
饱和度(%)							

固结试验记录(二) 表3-2

工程编号＿＿＿＿＿＿＿＿＿＿ 土样编号＿＿＿＿＿＿＿＿＿＿ 试 验 者＿＿＿＿＿＿＿＿＿＿

仪器编号＿＿＿＿＿＿＿＿＿＿ 土样说明＿＿＿＿＿＿＿＿＿＿ 试验日期＿＿＿＿＿＿＿＿＿＿

经过时间(min)	压力(kPa)							
	50		100		200		400	
	时间	读数	时间	读数	时间	读数	时间	读数

续上表

经过时间（min）	压力（kPa）							
	50		100		200		400	
	时间	读数	时间	读数	时间	读数	时间	读数
总变形量（mm）								
仪器变形量（mm）								
试样总变形量（mm）								

固结试验记录（三）　　　　　　　　　　表 3-3

工程编号＿＿＿＿＿＿＿＿　　　　土样编号＿＿＿＿＿＿＿＿　　　　试验日期＿＿＿＿＿＿＿＿

试 验 者＿＿＿＿＿＿＿＿　　　　计 算 者＿＿＿＿＿＿＿＿　　　　校 核 者＿＿＿＿＿＿＿＿

试样原始高度 $h_0 =$ 　　　　　　　　　　　　试验前孔隙比 $e_0 =$

加荷时间（h）	压力（kPa）	试样总变形（mm）	压缩后试样高度（mm）	单位沉降量（mm/m）	孔隙比	平均试样高度（mm）	单位沉降量差（mm/m）	压缩模量（MPa）	压缩系数（MPa^{-1}）	排水距离（cm）	固结系数（10^{-3}cm^2/s）
	p	$\sum \Delta h$	$h = h_0 - \sum \Delta h_i$	$S_i = \dfrac{\sum \Delta h_i}{h_0} \times 1000$	$e_i = e_0 - \dfrac{S_i(1+e_0)}{1000}$	$\bar{h} = \dfrac{h_1 + h_2}{2}$	$S_2 - S_1$	E_s	a_v	$\bar{h} = \dfrac{h_1 + h_2}{4}$	C_v
0	0										
24	50										
24	100										
24	200										
24	400										
24	800										

6. 结果整理

（1）按下式计算试验开始时的孔隙比：

$$e_0 = \frac{\rho_s(1 + 0.01w_0)}{\rho_0} - 1 \tag{3-4}$$

（2）按下式计算单位沉降量：

$$S_i = \frac{\sum \Delta h_i}{h_0} \times 1000 \tag{3-5}$$

（3）按下式计算各级荷载下变形稳定后的孔隙比 e_i：

$$e_i = e_0 - (1 + e_0) \times \frac{S_i}{1000} \tag{3-6}$$

（4）按下式计算某一荷载范围的压缩系数 a_v：

$$a_v = \frac{e_i - e_{i+1}}{p_{i+1} - p_i} = \frac{(S_{i+1} - S_i)(1 + e_0)/1000}{p_{i+1} - p_i} \tag{3-7}$$

（5）按下式计算某一荷载范围内的压缩模量 E_s 和体积压缩系数 m_v：

$$E_s = \frac{p_{i+1} - p_i}{(S_{i+1} - S_i)/1000} \tag{3-8}$$

$$m_v = \frac{1}{E_s} = \frac{a_v}{1 + e_0} \tag{3-9}$$

式中：E_s——压缩模量（kPa），精确至 0.01；

$\quad\quad m_v$——体积压缩系数（kPa^{-1}），精确至 0.01；

$\quad\quad a_v$——压缩系数（kPa^{-1}），精确至 0.01；

$\quad\quad e_0$——试验开始时试样的孔隙比，精确至 0.01；

$\quad\quad \rho_s$——土粒密度（数值上等于土粒比重）（g/cm^3）；

$\quad\quad w_0$——试验开始时试样的含水率（%）；

$\quad\quad \rho_0$——试验开始时试样的密度（g/cm^3）；

$\quad\quad S_i$——某一级荷载下的沉降量（mm/m），精确至 0.1；

$\quad\sum \Delta h_i$——某一级荷载下的总变形量，等于该荷载下百分表读数（即试样和仪器的变形量减去该荷载下的仪器变形量，mm）；

$\quad\quad h_0$——试样起始时的高度（mm）；

$\quad\quad e_i$——某一荷载下压缩稳定后的孔隙比，精确至 0.01；

$\quad\quad p_i$——某一荷载值（kPa）。

（6）以单位沉降量 S_i 或孔隙比 e 为纵坐标，以压力 p 为横坐标，作单位沉降量或孔隙比与压力的关系曲线，如图 3-5 所示。

（7）按下式计算压缩指数 C_c 及回弹指数 C_s：

$$C_c（或 C_s） = \frac{e_i - e_{i+1}}{\lg p_{i+1} - \lg p_i} \tag{3-10}$$

（8）按下述方法求固结系数 C_v：

①求某一压力下固结度为 90% 的时间 t_{90}。

以百分数表读数 d（mm）为纵坐标，时间平方根（min）为横坐标，作 d-$\sqrt{t}$ 曲线，如图 3-6 所示。延长 d-$\sqrt{t}$ 曲线开始段的直线，交纵坐标轴于 d_s（理论零点）。过 d_s 作另一直线，令其横坐标为前一直线横坐标的 1.15 倍，则后一直线与 d-$\sqrt{t}$ 曲线交点所对应的时间平方即为固结度达 90% 所需的时间 t_{90}，C_v 按下式计算：

$$C_v = \frac{0.848\bar{h}^2}{t_{90}} \qquad (3-11)$$

式中:C_v——固结系数(cm^2/s),保留三位有效数字。

$$\bar{h} = \frac{h_1 + h_2}{4} \qquad (3-12)$$

式中:$\bar{h}$——精确至 0.01,即等于某一荷载下试样初始与终了高度的平均值之半。

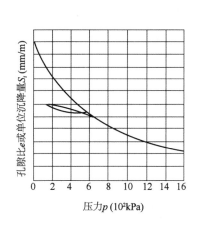

图 3-5　S_i(或 e)$-p$ 关系曲线

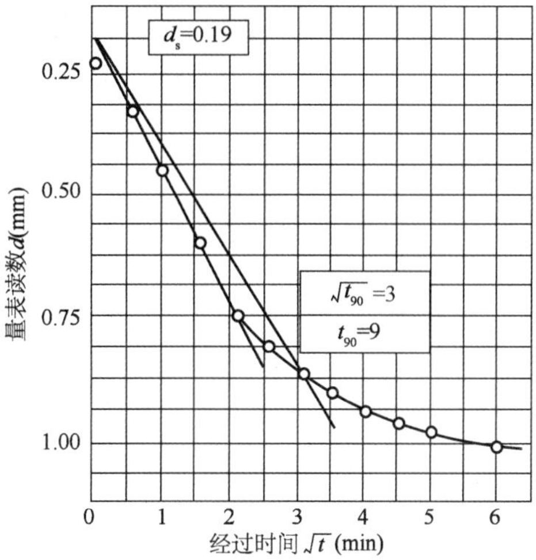

图 3-6　用时间平方法求 t_{90}

②求某一荷载下固结度为 68% 的 t_{68}。

以百分表读数 $d(mm)$ 为纵坐标,以时间的常用对数 $\lg t(min)$ 为横坐标,在半对数纸上作 d-$\lg t$ 曲线,如图 3-7 所示。在曲线开始部分选择任意时间 t_1,查到相应的百分数读数 d_1,又在 $t_2 = \frac{t_1}{4}$ 处查得另一相应的百分表读数 d_2,$2d_2 - d_1$ 之值为 d_{s1}。如此另在曲线开始部分以同法求得 d_{s2}、d_{s3}、d_{s4} 等,取其平均值,得理论零点 d_s。通过 d_s 作一水平线,然后向上延长曲线中的直线段,直线交点的横坐标乘以 10 即得 t_{68},则:

$$C_v = \frac{0.380\bar{h}^2}{t_{68}} \qquad (3-13)$$

式中:C_v——固结系数(cm^2/s),保留三位有效数字。

③求某一荷载下固结度为 50% 的 t_{50}。

同上法求得理论零点 d_s 后,延长 d-$\lg t$ 曲线的中部直线段和通过曲线尾部数点作一切线的交点即为理论终点为 d_{100},则

$$d_{50} = \frac{d_0 + d_{100}}{2} \qquad (3-14)$$

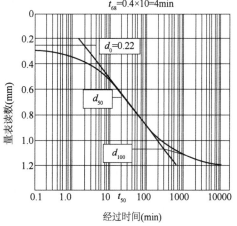

图 3-7　用时间对数坡度法求 t_{68}

对应于 d_{50} 的时间即为固结度等于 50% 的时间 t_{50}，则：

$$C_v = \frac{0.197\bar{h}^2}{t_{50}} \qquad (3-15)$$

式中：C_v——固结系数（cm^2/s），保留三位有效数字。

（9）按下述方法确定原状土的先期固结压力 p_c。

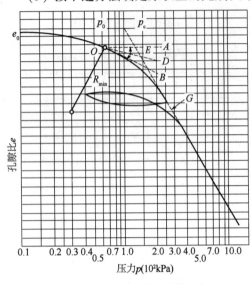

作 e-$\lg p$ 曲线（图 3-8），在曲线上首先找出最小曲率半径及 R_{min} 的 O 点，通过 O 点作水平线以 OA、切线 OB 及 AOB 的分角线 OD，OD 与曲线的切线 C 的延长线交于 E 点，则对应于 E 点的压力值即为先期固结压力 p_c。

图 3-8　$e \sim \lg p$ 曲线先期固结压力

7. 试验说明

（1）固结试验是以太沙基的单向固结理论为基础的。对于非饱和土，规定可用该试验中的方法测定压缩指标，不得用于测定固结系数。

（2）在相同的试验条件下，高度不同的试样，所反映的各固结阶段的沉降量以及时间过程均有差异。试验所用仪器直径为 61.8mm 和 79.9mm，高度为 20mm，径高比接近国外标准（3.5～4.0）。

（二）快速试验法

1. 目的与适用范围

本试验采用快速方法确定饱和黏质土的各项土性指标，是一种近似试验方法。

2. 仪器设备

（1）固结仪：见图 3-3，试样面积 $30cm^2$ 和 $50cm^2$，高 2cm。

（2）环刀：直径为 61.8mm 和 79.8mm，高度为 20mm。环刀应具有一定的刚度，内壁应保持较高的光洁度，宜涂一薄层硅脂或聚四氟乙烯。

（3）透水石：由氧化铝或不受土腐蚀的金属材料组成，其透水系数应大于试样的渗透系数。用固定式容器时，顶部透水石直径小于环刀内径 0.2～0.5mm；当用浮环式容器时，上下部透水石直径相等。

（4）变形量测设备：量程 10mm，最小分度为 0.01mm 的百分表或零级位移传感器。

（5）其他：天平、秒表、烘箱、钢丝锯、刮土刀、铝盒等。

3. 试验步骤

（1）在切好土样的环刀外壁涂一薄层凡士林，然后将刀口向下放入护环内。

（2）将底板放入容器内，底板上放透水石、滤纸，借助提环螺栓将土样环刀及护环放入容器中，土样上面覆滤纸、透水石，然后放下加压导环和传压活塞，使各部密切接触，保持平稳。

（3）将压缩容器置于加压框架正中，密合传压活塞及横梁，预加 1.0kPa 压力，使固结仪各部分紧密接触，装好百分表，并调整读数至零。

（4）去掉预压荷载,立即加第一级荷载。加砝码时应避免冲击和摇晃,在加上砝码的同时,立即开动秒表。荷载等级一般规定为50kPa、100kPa、200kPa、300kPa和400kPa。有时根据土的软硬程度,第一级荷载可考虑用25kPa。

（5）如系饱和试样,则在施加第一级荷载后,立即向容器中注水至满。如系非饱和试样,需以湿棉纱围住上下透水面四周,避免水分蒸发。

（6）如需确定原状土的先期固结压力,荷载率宜小于1,可采用0.5或0.25倍,最后一级荷载应大于1000kPa,使 e-lgp 曲线下端出现直线段。

（7）一般按 0s、15s、1min、2min、4min、6min、9min、12min、16min、20min、25min、35min、45min、60min 测定土样变形量,至稳定为止。各级荷载下的压缩时间规定为1h,最后一级荷载下加读到稳定沉降时的读数。固结稳定的标准是最后1h变形量不超过0.01mm。

当不需测定沉降速度时,则施加每级压力后24h,测记试样高度变化作为稳定标准。当试样渗透系数大于 10^{-5}cm/s 时,允许以主固结完成作为相对稳定标准。按此步骤逐级加压至试验结束。

注:测定沉降速率仅适用于饱和土。

（8）试验结束后拆除仪器,小心取出完整土样,称其质量,并测定其终结含水率(如不需测定试验后的饱和度,则不必测定终结含水率),并将仪器洗干净。

4. 试验记录

（1）固结试验记录（一）见表3-1。

（2）固结试验记录（二）见表3-2。

（3）固结试验记录（三）见表3-4。

快速法固结试验记录 表3-4

工程编号＿＿＿＿＿＿＿＿＿＿＿　　试验者＿＿＿＿＿＿＿＿＿＿＿

土样说明＿＿＿＿＿＿＿＿＿＿＿　　计算者＿＿＿＿＿＿＿＿＿＿＿

试验日期＿＿＿＿＿＿＿＿＿＿＿　　校核者＿＿＿＿＿＿＿＿＿＿＿

试样原始高度 h_0 =				$K = \dfrac{(h_n)_T}{(h_n)_t} =$			
加荷时间 （h）	压力 （kPa）	校正前试样 总变形量 （mm）	校正后试样 总变形量 （mm）	压缩后试样高度 （mm）	单位沉降量 （mm/m）	备　注	
	p	$(h_i)_t$	$\sum \Delta h_i = K(h_i)_t$	$h = h_0 - \sum \Delta h_i$	$S_i = \dfrac{\sum \Delta h_i}{h_0} \times 1000$		
1	50						
1	100						
1	200						
1	400						
1	800						
稳定	800						

5. 结果整理

同单轴固结仪法。

6. 条文说明

快速试验法是每级荷载下固结 1h，最后一级荷载固结 24h，以两者变形之比作为校正系数校正变形量。考虑到公路部门在修建高等级公路时，需采集大量土样做固结试验，如规定均按常规方法进行，则试验时间将会拖得很长，不能满足实际工作需要，故《公路土工试验规程》(JTG E40—2007)仍保留快速试验法。

7. 工程应用

(1)评价地基土的压缩性。

(2)土的压缩系数与压缩模量是地基土沉降计算时必不可少的指标。

(3)根据测定的前期固结压力与土层自重应力(即自重作用下固结稳定的有效竖向应力)的比较，可将天然土层划分为正常固结土、超固结土、欠固结土三类固结状态，并用超固结比判别。

第二节　土的击实试验

在工程建设中，经常遇到填土或软弱地基，为了改善这些土的工程性质，常采用压实的方法使土变得密实，击实试验就是模拟施工现场压实条件，采用锤击方法使土体密度增大，强度提高、沉降变小的一种试验方法。土在一定的击实效应下，如果含水率不同，则所得的密度也不相同，击实试验的目的就是测定土样在一定击实次数下或某种压实功能下的含水率与干密度之间的关系，从而确定土的最大干密度与最佳含水率，为施工控制填土密度提供设计依据。

1. 目的和适用范围

本试验方法适用于细粒土。

本试验分轻型击实和重型击实。轻型击实试验适用于粒径不大于 20mm 的土。重型击实试验适用于粒径不大于 40mm 的土。当土中最大颗粒粒径大于或等于 40mm，并且大于或等于 40mm 颗粒粒径的质量含量大于 5% 时，则应使用大尺寸试筒进行击实试验，或进行最大干密度校正。大尺寸试筒要求其最小尺寸大于土样中最大颗粒粒径的 5 倍以上，并且击实试验的分层厚度应大于土样中最大颗粒粒径的 3 倍以上。单位体积击实功控制在 2677.2 ~ 2687.0kJ/m³ 范围内。当细粒土中的粗粒土总含量大于 40% 或粒径大于 0.005mm 颗粒的含量大于土总质量的 70% (即 $d_{30} \leqslant 0.005$mm)时，还应做粗粒土最大干密度试验，其结果与重型击实试验结果比较，最大干密度取两种试验结果的最大值。

2. 仪器设备

(1)标准击实仪(图 3-9 ~ 图 3-12)。击实试验方法和相应设备的主要参数应符合表 3-5 的规定。

(2)烘箱及干燥器。

(3)天平:感量 0.01g。

(4)台秤:称量 10kg,感量 5g。

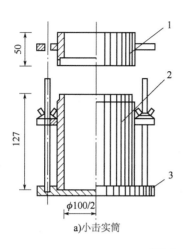
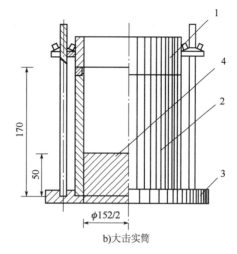

a)小击实筒

b)大击实筒

图 3-9 击实筒(尺寸单位:mm)
1-套筒;2-击实筒;3-底板;4-垫板

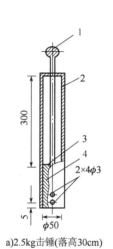
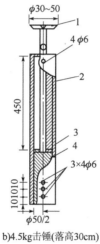

a)2.5kg击锤(落高30cm)　b)4.5kg击锤(落高30cm)

图 3-10 击锤和导杆(单位:mm)

1-提手;2-导筒;3-个硬橡皮垫;4-击锤

图 3-11 击实筒与击锤

（5）圆孔筛:孔径 40mm、20mm 和 5mm 各 1 个。

（6）拌和工具:400mm × 600mm、深 70mm 的金属盘,土铲。

（7）其他:喷水设备、碾土器、盛土盘、量筒、推土器、铝盒、修土刀、平直尺等。

3.试样

（1）本试验可分别采用不同的方法准备试样。各方法可按表 3-6 准备试料。

（2）干土法(土不重复使用)。按四分法至少准备 5 个试样,分别加入不同水分(按2% ~ 3%含水率递增),拌匀后闷料一夜备用。

图 3-12 电动击实仪

击实试验方法种类   表3-5

试验方法	类别	锤底直径（cm）	锤质量（kg）	落高（cm）	试筒尺寸		试样尺寸		层数	每层击数	击实功（kJ/m³）	最大粒径（mm）
					内径（cm）	高（cm）	高度（cm）	体积（cm³）				
轻型	Ⅰ-1	5	2.5	30	10	12.7	12.7	997	3	27	598.2	20
	Ⅰ-2	5	2.5	30	15.2	17	12	2177	3	59	598.2	40
重型	Ⅱ-1	5	4.5	45	10	12.7	12.7	997	5	27	2687.0	20
	Ⅱ-2	5	4.5	45	15.2	17	12	2177	3	98	2677.2	40

试料用量   表3-6

使用方法	类别	试筒内径（cm）	最大粒径（mm）	试料用量（kg）
干土法,试样不重复使用	B	10	20	至少5个试样,每个3
		15.2	40	至少5个试样,每个6
湿土法,试样不重复使用	C	10	20	至少5个试样,每个3
		15.2	40	至少5个试样,每个6

（3）湿土法（土不重复使用）。对于高含水率土,可省略过筛步骤,用手拣除大于40mm的粗石子即可。保持天然含水率的第一个土样,可立即用于击实试验。其余几个试样,将土分成小土块,分别风干,使含水率按2%～3%递减。

4. 试验步骤

（1）根据工程要求,按表3-5规定选择轻型或重型试验方法。根据土的性质（含易击碎风化石数量多少、含水率高低）,按表3-6规定选用干土法（土不重复使用）或湿土法。

（2）将击实筒放在坚硬的地面上,在筒壁上抹一薄层凡士林,并在筒底（小试筒）或垫块（大试筒）上放置蜡纸或塑料薄膜。取制备好的土样分3～5次倒入筒内。小筒按三层法时,每次800～900g（其量应使击实后的试样等于或略高于筒高的1/3）;按五层法时,每次400～500g（其量应使击实后的土样等于或略高于筒高的1/5）。对于大试筒,先将垫块放入筒内底板上,按三层法,每层需试样1700g左右。整平表面,并稍加压紧,然后按规定的击数进行第一层土的击实,击实时击锤应自由垂直落下,锤迹必须均匀分布于土样面,第一层击实完后,将试样层面"拉毛"然后再装入套筒,重复上述方法进行其余各层土的击实。小试筒击实后,试样不应高出筒顶面5mm;大试筒击实后,试样不应高出筒顶面6mm。

（3）用修土刀沿套筒内壁削刮,使试样与套筒脱离后,扭动并取下套筒,齐筒顶细心削平试样,拆除底板,擦净筒外壁,称量,精确至1g。

（4）用推土器推出筒内试样,从试样中心处取样测其含水率,精确至0.1%。测定含水率用试样的数量按表3-7规定取样（取出有代表性的土样）。

测定含水率用试样的数量   表3-7

最大粒径（mm）	试样质量（kg）	个　数
<5	15～20	2
约5	约50	1

续上表

最大粒径(mm)	试样质量(kg)	个　　数
约20	约250	1
约40	约500	1

对于干土法(土不重复使用)和湿土法(土不重复使用),将试样搓散,然后进行洒水、拌和,每次增加2%~3%的含水率,其中有两个大于和两个小于最佳含水率,所需加水量按下式计算:

$$m_w = \frac{m_i}{1 + 0.01 w_i} \times 0.01(w - w_i)$$ (3-16)

式中:m_w——所需的加水量(g);

m_i——含水率 ω_i 时土样的质量(g);

w_i——土样原有含水率(%);

w——要求达到的含水率(%)。

按上述步骤进行其他含水率试样的击实试验。

5.试验记录

试验记录见表3-8。

击 实 试 验 记 录　　　　表3-8

校核者＿＿＿＿＿＿＿　　　　计算者＿＿＿＿＿＿＿　　　　试验者＿＿＿＿＿＿＿

	土样编号		筒号		落距	
	土样来源		筒容积		每层击数	
	试验日期		击锤质量		大于5mm颗粒含量	
干密度	试验次数					
	筒+土质量(g)					
	筒质量(g)					
	湿土质量(g)					
	湿密度(g/cm³)					
	干密度(g/cm³)					
含水率	盒号					
	盒+湿土质量(g)					
	盒+干土质量(g)					
	盒质量(g)					
	水质量(g)					
	干土质量(g)					
	含水率(%)					
	平均含水率(%)					

6.结果整理

(1)按式(1-4)计算击实后各点的干密度:

$$\rho_{\mathrm{d}} = \frac{\rho}{1 + 0.01w}$$

（2）以干密度为纵坐标,含水率为横坐标,绘制干密度与含水率的关系曲线（图 3-13）,曲线上峰值点的纵、横坐标分别为最大干密度和最佳含水率。如曲线不能绘出明显的峰值点,应进行补点或重做。

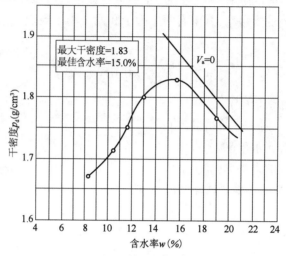

图 3-13　含水率与干密度的关系曲线

（3）按下式计算饱和曲线的饱和含水率,并绘制饱和含水率与干密度的关系曲线图。

$$w_{\max} = \left[\frac{G_{\mathrm{s}}\rho_{\mathrm{w}}(1 + w) - \rho}{G_{\mathrm{s}}\rho} \right] \times 100 \tag{3-17}$$

或

$$w_{\max} = \left(\frac{\rho_{\mathrm{w}}}{\rho_{\mathrm{d}}} - \frac{1}{G_{\mathrm{s}}} \right) \times 100 \tag{3-18}$$

式中: $w_{\max}$——饱和含水率（%）,精确至 0.01;

ρ——试样的湿密度（g/cm³）;

ρ_{w}——水在 4℃时的密度（g/cm³）;

ρ_{d}——试样的干密度（g/cm³）;

G_{s}——试样土粒比重,对于粗粒土,则为土中粗细颗粒的混合比重;

w——试样的含水率（%）。

（4）当试样中有大于 40mm 的颗粒时,应先取出大于 40mm 的颗粒,并求得其百分率,把小于 40mm 部分做击实试验,按下面公式分别对试验所得的最大干密度和最佳含水率进行校正（适用于大于 4mm 颗粒的含量小于 30% 时）。

最大干密度按下式校正:

$$\rho'_{\mathrm{dm}} = \frac{1}{\dfrac{1 - 0.01p}{\rho_{\mathrm{dm}}} + \dfrac{0.01p}{\rho_{\mathrm{w}}G'_{\mathrm{s}}}} \tag{3-19}$$

式中：ρ'_{dm}——校正后的最大干密度（g/cm³），精确至 0.01；

　　　ρ_{dm}——用粒径小于 40mm 的土样试验所得的最大干密度（g/cm³）；

　　　p——试料中粒径大于 40mm 颗粒的百分率（%）；

　　　G'_s——粒径大于 40mm 颗粒的毛体积比重，精确至 0.01。

最佳含水率按下式校正：

$$w'_0 = w_0(1 - 0.01p) + 0.01pw_2 \tag{3-20}$$

式中：w'_0——校正后的最佳含水率（%），精确至 0.01；

　　　w_0——用粒径小于 40mm 的土样试验所得的最佳含水率（%）；

　　　p——试料中粒径大于 40mm 颗粒的百分率（%）；

　　　w_2——粒径大于 40mm 颗粒的吸水量（%）。

7. 精密度和允许差

本试验含水率须进行两次平行测定，取其算术平均值，允许平行差值应符合表 3-9 规定。

含水率测定的允许平行差值 表 3-9

含水率（%）	允许平行差值（%）	含水率（%）	允许平行差值（%）	含水率（%）	允许平行差值（%）
5 以下	0.3	40 以下	≤1	40 以上	≤2

8. 试验说明

（1）根据工程实际的具体要求，按击实试验方法种类中规定选择轻型或重型试验方法；根据土的性质按表 3-6 规定选用干土法或湿土法，对于高含水率土宜选用湿土法，对于非高含水率土则选用干土法。

（2）这是很重要的试验步骤，应严格掌握。对于干土法，每次宜增加 2% ~ 3% 的含水率，这样可以提高击实曲线的质量。

（3）土中夹有较大的颗粒，如碎（砾）石等，对于求最大干密度和最佳含水率都有一定的影响。所以试验规定要过 40mm 筛。如 40mm 筛上颗粒（称超尺寸颗粒）较多（3% ~30%）时，所得结果误差较大。因此，必须对超尺寸颗粒的试料直接用大型试筒（如容积 2177cm³）做试验。当细粒土中的粗粒土含量大于 40% 时，还应做粗粒土最大干密度试验，其结果与重型击实试验结果相比较，最大干密度取两种试验结果的最大值。最佳含水率则对应取值。

9. 工程应用

击实试验适用于碎石土垫层和路基土。击实试验可以获得路基土压实的最大干密度和相应最佳含水率，击实试验是控制路基压实质量不可缺少的重要试验项目。

第三节　土的承载比（CBR）试验

土的 CBR 值是指是指试料贯入量达 2.5mm 时，单位压力对标准碎石压入相同贯入量时标准荷载强度的比值。标准荷载与标准贯入量之间的关系见表 3-10。

标准荷载与标准贯入量关系表   表 3-10

贯入量(mm)	标准荷载强度(kPa)	标准荷载(kN)
2.5	7000	13.7
5.0	10500	20.3
7.5	13400	26.3
10.0	16200	31.8
12.5	18300	36.0

1.适用范围

（1）本试验方法只适用于在规定的试筒内制件后,对各种土和路面基层、底基层材料进行承载比试验。

（2）试样的最大粒径宜控制在 20mm 以内,最大不得超过 40mm 且含量不超过 5%。

2.仪器设备

（1）圆孔筛:孔径 40mm、20mm 及 5mm 筛各 1 个。

（2）试筒:内径 152mm、高 170mm 的金属圆筒;套环,高 50mm;筒内垫块,直径 151mm、高 50mm;夯击底板,同击实仪。试筒的形式和主要尺寸如图 3-14、图 3-15 所示,也可用击实试验的大击实筒。

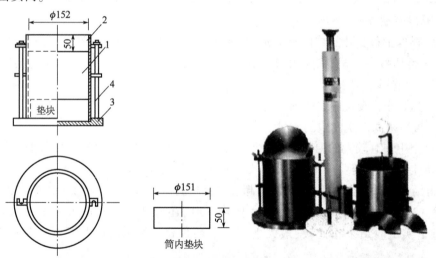

图 3-14　承载比试筒(尺寸单位:mm)　　　　图 3-15　承载比试筒、夯锤
1-试筒;2-套环;3-夯击底板;4-拉杆

（3）夯锤和导管:夯锤的底面直径 50mm,总质量 4.5kg。夯锤在导管内的总行程为 450mm,夯锤的形式和尺寸与重型击实试验法所用的相同,如图 3-15 所示。

（4）贯入杆,端面直径 50mm、长约 100mm 的金属柱。

（5）路面材料强度仪或其他载荷装置:能量不小于 50kN,能调节贯入速度至每分钟贯入 1mm,可采用测力计式,如图 3-16 所示。

（6）百分表:3 个。

（7）试件顶面上的多孔板（测试件吸水时的膨胀量），如图 3-17 所示。

（8）多孔底板（试件放上后浸泡水中）。

（9）测膨胀量时支承百分表的架子，如图 3-18 所示。或采用压力传感器测试。

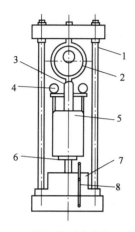

图 3-16　手摇测力计载荷装置示意图
1-框架；2-量力环；3-贯入杆；4-百分表；5-试件；6-升降台；7-蜗轮蜗杆箱；8-摇把

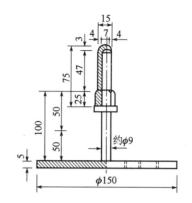

图 3-17　带调节杆的多孔板（尺寸单位：mm）

（10）荷载板：直径 150mm，中心孔眼直径 52mm，每块质量 1.25kg，共 4 块，并沿直径分为两个半圆块，如图 3-19 所示。

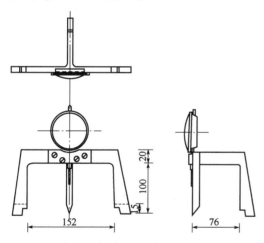

图 3-18　膨胀量测定装置（尺寸单位：mm）

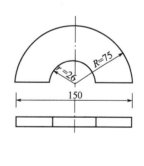

图 3-19　荷载板（尺寸单位：mm）

承载比试验仪的整体装置如图 3-20 所示。

3.试样

将具有代表性的风干试料（必要时可在 50℃烘箱内烘干），用木碾捣碎，但应尽量注意不使土或粒料的单个颗粒破碎。土团均应捣碎到通过 5mm 的筛孔。

采取有代表性的试料 50kg，用 40mm 筛筛除大于 40mm 的颗粒，并记录超尺寸颗粒的百分数。将已过筛的试料按四分法取出约 25kg。再用四分法将取出的试料分成 4 份，每份质量 6kg，供击实试验和制试件之用。在预定做击实试验的前一天，取有代表性的试料测定其风干含水率。测定含水率用的试样数量可参照表3-7采取。

4. 试验步骤

(1)称试筒本身质量(m_1),将试筒固定在底板上,将垫块放入筒内,并在垫块上放一张滤纸,安上套环。

图3-20　承载比试验仪

(2)将试料按表3-5中Ⅱ-2规定的层数和每层击数进行击实,求试料的最大干密度和最佳含水率。

(3)将其余3份试料,按最佳含水率制备3个试件。将一份试料平铺于金属盘内,按事先计算得的该份试料应加的水量按式(3-16)均匀地喷洒在试料上。

用小铲将试料充分拌和到均匀状态,然后装入密闭容器或塑料口袋内浸润备用。

浸润时间:重黏土不得少于24h,轻黏土可缩短到12h,砂土可缩短到1h,天然砂砾可缩短到2h左右。制每个试件时,都要取样测定试料的含水率。

注:需要时,可制备三种干密度试件。如每种干密度试件制3个,则共制9个试件。每层击数分别为30、50和98次,使试件的干密度从低于95%到等于100%的最大干密度。这样,9个试件共需试料约55kg。

(4)将试筒放在坚硬的地面上,取备好的试样分3次倒入筒内(视最大料径而定),每层需试样1700g左右(其量应使击实后的试样高出1/3筒高1~2mm)。整平表面,并稍加压紧,然后按规定的击数进行第一层试样的击实,击实时锤应自由垂直落下,锤迹必须均匀分布于试样面上。第一层击实完后,将试样层面"拉毛",然后再装入套筒,重复上述方法进行其余每层试样的击实。大试筒击实后,试样不宜高出筒高10mm。

(5)卸下套环,用直刮刀沿试筒顶修平击实的试件,表面不平整处用细料修补。取出垫块,称试筒和试件的质量(m_2)。

(6)泡水测膨胀量的步骤如下:

①在试件制成后,取下试件顶面的破残滤纸,放一张好滤纸,并在其上安装附有调节杆的多孔板,在多孔板上加4块荷载板。

②将试筒与多孔板一起放入槽内(先不放水),并用拉杆将模具拉紧,安装百分表,并读取初读数。

③向水槽内放水,使水自由进到试件的顶部和底部。在泡水期间,槽内水面应保持在试件顶面以上大约25mm。通常试件要泡水4昼夜。

④泡水终了时,读取试件上百分表的终读数,并用下式计算膨胀量:

$$膨胀量 = \frac{泡水后试件高度变化}{原试件高(120mm)} \times 100 \qquad (3-21)$$

⑤从水槽中取出试件,倒出试件顶面的水,静置15min,让其排水,然后卸去附加荷载和多孔板、底板和滤纸,并称量(m_3),以计算试件的湿度和密度的变化。

(7)贯入试验。

①将泡水试验终了的试件放到路面材料强度试验仪的升降台上,调整偏球座,对准、整

平并使贯入杆与试件顶面全面接触,在贯入杆周围放置 4 块荷载板。

②先在贯入杆上施加 45N 荷载,然后将测力和测变形的百分表指针均调整至整数,并记读起始读数。

③加荷使贯入杆以 $1 \sim 1.25$mm/min 的速度压入试件,同时测记三个百分表的读数。记录测力计内百分表某些整读数(如 20、40、60)时的贯入量,并注意使贯入量为 250×10^{-2}mm 时,能有 5 个以上的读数。因此,测力计内的第一个读数应是贯入量 30×10^{-2}mm 左右。

5. 试验记录

试验记录见表 3-11 和表 3-12。

贯 入 试 验 记 录　　　　　　　　　　　　　表 3-11

土 样 编 号＿＿＿＿＿＿＿＿＿＿　　　试 验 者＿＿＿＿＿＿＿＿＿＿

最大干密度＿＿＿＿＿＿＿＿＿＿　　　计 算 者＿＿＿＿＿＿＿＿＿＿

最佳含水率＿＿＿＿＿＿＿＿＿＿　　　校 核 者＿＿＿＿＿＿＿＿＿＿

每 层 击 数＿＿＿＿＿＿＿＿＿＿　　　试 验 日 期＿＿＿＿＿＿＿＿＿＿

试 件 编 号＿＿＿＿＿＿＿＿＿＿

量力环校正系数 $C =$　　　　　贯入杆面积 $A =$　　　　　$p = \dfrac{C \times R}{A} =$

荷载测力计百分表		单位压力	贯入量百分表读数				平均值	贯入量
			左表		右表			
读数	变形值		读数	位移值	读数	位移值		
R'_i (0.01mm)	$R_i = R'_{i+1} - R'_i$ (0.01mm)	p (kPa)	R_{1i} (0.01mm)	$R_1 = R_{1i+1} - R_{1i}$ (0.01mm)	R_{2i} (0.01mm)	$R_2 = R_{2i+1} - R_{2i}$ (0.01mm)	$\overline{R} = \dfrac{1}{2}(R_1 + R_2)$ (0.01mm)	l (mm)

膨胀量试验记录

表 3-12

	试验次数			1	2	3
膨胀量	筒号	(1)				
	泡水前试件(原试件)高度(mm)	(2)				
	泡水后试件高度(mm)	(3)				
	膨胀量(%)	(4)	$\dfrac{(3)-(2)}{(2)}\times100$			
	膨胀量平均值(%)					
密度	筒质量 m_1(g)	(5)				
	筒+试件质量 m_2(g)	(6)				
	筒体积(cm³)	(7)				
	湿密度 ρ(g/cm³)	(8)	$\dfrac{(6)-(5)}{(7)}$			
	含水率 w	(9)				
	干密度 ρ_d(g/cm³)	(10)	$\dfrac{(8)}{1+0.01w}$			
	干密度平均值(g/cm³)					
吸水量	泡水后筒+试件质量 m_3(g)	(11)				
	吸水量 w_a(g)	(12)	(11)-(6)			
	吸水量平均值(g)					

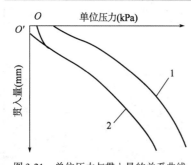

图 3-21　单位压力与贯入量的关系曲线

6. 结果整理

(1)以单位压力(p)为横坐标,贯入量(l)为纵坐标,绘制 $p\text{-}l$ 关系曲线,如图 3-21 所示。图上曲线 1 是合适的。曲线 2 开始段是凹曲线,需要进行修正。修正时在变曲率点引一切线,与纵坐标交于 O' 点,O' 即为修正后的原点。

(2)一般采用贯入量为 2.5mm 时的单位压力与标准压力之比作为材料的承载比(CBR)。

$$CBR=\frac{p}{7000}\times100 \tag{3-22}$$

式中:CBR——承载比(%),精确至 0.1;

　　　p——单位压力(kPa)。

同时计算贯入量为 5mm 时的承载比:

$$CBR=\frac{p}{10500}\times100 \tag{3-23}$$

如贯入量为 5mm 时的承载比大于 2.5mm 时的承载比,则试验应重做。如结果仍然如此,则采用 5mm 时的承载比。

(3)试件的湿密度用下式计算:

$$\rho = \frac{m_2 - m_1}{2177} \qquad (3\text{-}24)$$

式中:ρ——试件的湿密度(g/cm³),精确至0.01;

m_2——试筒和试件的总质量(g);

m_1——试筒的质量(g);

2177——试筒的容积(cm³)。

(4)试件的干密度用式(1-4)计算:

$$\rho_d = \frac{\rho}{1 + 0.01w}$$

(5)泡水后试件的吸水量按下式计算:

$$w_a = m_3 - m_2 \qquad (3\text{-}25)$$

式中:w_a——泡水后试件的吸水量(g);

m_3——泡水后试筒和试件的总质量(g);

m_2——试筒和试件的总质量(g)。

7. 精密度和允许差

如根据3个平行试验结果计算得的承载比变异系数 C_v 大于12%,则去掉一个偏离大的值,取其余两个结果的平均值。如 C_v 小于12%,且3个平行试验结果计算的干密度偏差小于0.03g/cm³,则取3个结果的平均值。如3个试验结果计算的干密度偏差超过0.03g/cm³,则去掉一个偏离大的值,取其两个结果的平均值。承载比小于100,相对偏差不大于5%;承载比大于100,相对偏差不大于10%。

8. 试验说明

(1)绘制单位压力(p)与贯入量(l)的关系曲线时,如发现曲线起始部分反弯,则应对曲线进行修正,以 O' 作为修正的原点。

(2)精度要求系对三个平行试验结果规定的。

(3)当制备三种干密度试件时,对应所需压实度的 CBR 求取方法如图3-22所示,其膨胀量求取方法相同。

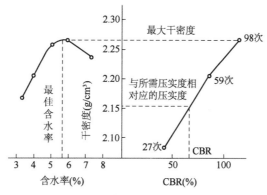

图3-22 对应于所需压实度的 CBR 求取方法

第四节　土的直接剪切试验

一、土体强度理论

土的抗剪强度是指土体对于外荷载的极限抵抗能力,在外荷载作用下,土体中将产生剪应力和剪切应变,当土中某点由外力所产生的剪应力达到土的抗剪强度时,土就沿着剪应力作用方向产生相对滑动,该点便产生剪切破坏。工程实践和室内试验都证实了土是由于受剪而产生破坏,剪切破坏是土体破坏的重要特点,因此,土的强度问题实质上就是土的抗剪强度问题。

1. 抗剪强度库仑定律

1776 年,库仑(Coulomb)通过一系列砂土剪切试验,提出砂土抗剪强度可表达为滑动面上法向应力的线性函数:

$$\tau_f = \sigma \tan\varphi \tag{3-26}$$

式中:τ_f——土的抗剪强度(kPa);

　σ——滑动面上的法向应力(kPa);

　φ——土的内摩擦角(°)。

以后库仑根据黏性土的试验结果又提出了更为普遍的抗剪强度表达式:

$$\tau_f = c + \sigma \tan\varphi \tag{3-27}$$

式中:c—土的黏聚力(kPa)。

2. 土的强度理论——极限平衡理论

当土体中任意一点的剪应力达到土的抗剪强度时,土体就会发生剪切破坏,该点也即处于极限平衡状态。

莫尔(Mohr)继续库仑的早期研究工作,提出材料的破坏是剪切破坏的理论,认为在破裂面上,法向应力 σ 与抗剪强度 τ_f 之间存在着函数关系:

$$\tau_f = f(\sigma) \tag{3-28}$$

这个函数所定义的曲线,称为莫尔破坏包线,或抗剪强度包线。试验证明,一般土,在应力变化范围不很大的情况下,莫尔破坏包线可以用库仑强度公式来表示,即土的抗剪强度与法向应力成线性函数的关系。这种以库仑公式作为抗剪强度公式,根据剪应力是否达到抗剪强度作为破坏标准的理论称为莫尔-库仑破坏理论。

通过推导,可以得出土的极限平衡条件:

$$\sigma_1 = \sigma_3 \tan^2\left(45° + \frac{\varphi}{2}\right) + 2c\tan\left(45° + \frac{\varphi}{2}\right) \tag{3-29}$$

$$\sigma_3 = \sigma_1 \tan^2\left(45° - \frac{\varphi}{2}\right) - 2c\tan\left(45° - \frac{\varphi}{2}\right) \tag{3-30}$$

破裂面与最大主应力的作用面成 $45° + \dfrac{\varphi}{2}$ 的夹角。

二、试验概述

直剪试验就是对试样直接施加剪切力将其剪坏的试验,是测定土的抗剪强度的一种常用方法,通常采用4个试样,分别在不同的垂直压力下,施加水平剪切力,测得试样破坏时的剪应力,然后根据库仑定律确定土的抗剪强度指标内摩擦角 φ 及黏聚力 c。

三、试验方法

直剪试验按法向力和剪力施加速度或作用时间长短分成下述三种:

(1)慢剪:慢剪试验是在对试样施加竖向压力后,让试样充分排水固结,待固结稳定后,慢速施加水平剪力,直至试样剪切破坏。

(2)固结快剪:在对试样施加竖向压力后,让试样充分排水固结,待固结稳定后,再快速施加水平剪力使试样剪破,要求试样在剪切过程中来不及排水。

(3)快剪:是在试样施加竖向压力后,立即快速施加水平剪力使试样剪切破坏,要求试样在全部试验过程中来不及排水。

(一)黏质土的直剪试验

1.适用范围

本试验方法适用于测定黏质土的抗剪强度指标。

2.仪器设备

(1)应变控制式直剪仪:由剪切盒、垂直加荷设备、剪切传动装置、测力计和位移量测系统组成,如图3-23、图3-24所示。

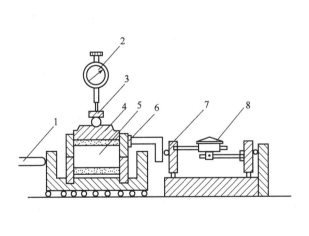

图3-23 应变控制式直剪仪示意图

1-推动座;2-垂直位移百分表;3-垂直加荷框架;4-小活塞;

5-试样;6-剪切盒;7-测力计;8-测力百分表

图3-24 直剪仪

(2)环刀:内径61.8mm,高20mm。

(3)位移量测设备:百分表或传感器。百分表量程为10mm,分度值为0.01mm;传感器的精度应为零级。

3. 试样

(1)原状土试样制备

①每组试样制备不得少于 4 个。

②按土样上下层次小心开启原状土包装皮,将土样取出放正,整平两端。在环刀内壁涂一薄层凡士林,刀口向下,放在土样上。无特殊要求时,切土方向应与天然土层层面垂直。

③将试验用的切土环刀内壁涂一薄层凡士林,刀口向下,放在试件上,用切土刀将试件削成略大于环刀直径的土柱。然后将环刀垂直向下压,边压边削,至土样伸出环刀上部为止,削平环刀两端,擦净环刀外壁,称环刀土总质量,准确至 0.1g,并测定环刀两端所削下土样的含水率。试件与环刀要密合,否则应重取。

切削过程中,应细心观察并记录试件的层次、气味、颜色,有无杂质,土质是否均匀,有无裂缝等。

如连续切取数个试件,应使含水率不发生变化。

视试件本身及工程要求,决定试件是否进行饱和。如不立即进行试验或饱和时,则将试件保存于保湿器内。

切取试件后,剩余的原状土样用蜡纸包好置于保湿器内,以备补做试验之用。切削的余土做物理性试验。平行试验或同一组试件密度差值不大于 ±0.1g/cm³,含水率差值不大于 2%。

(2)细粒土扰动土样的制备程序

①将扰动土样进行土样描述,如颜色、土类、气味及夹杂物等。如有需要,将扰动土样充分拌匀,取代表性土样进行含水率测定。

②将块状扰动土放在橡皮板上用木碾或粉碎机碾散,但切勿压碎颗粒。如含水率较大不能碾散时,应风干至可碾散时为止。

③根据试验所需土样数量,将碾散后的土样过筛。物理性试验如液限、塑限、缩限等试验,需过 0.5mm 筛,常规水理及力学试验土样,需过 2mm 筛;击实试验土样的最大粒径必须满足击实试验采用不同击实筒试验时的土样中最大颗粒粒径的要求。按规定过标准筛后,取出足够数量的代表性试样,然后分别装入容器内,标以标签。标签上应注明工程名称、土样编号、过筛孔径、用途、制备日期和人员等,以备各项试验之用。若系含有大量粗砂及少量细粒土(泥砂或黏土)的松散土样,应加水润湿松散后,用四分法取出代表性试样;若系净砂,则可用匀土器取代表性试样。

④为配制一定含水率的试样,取过 2mm 筛的足够试验用的风干土 1 ~ 5kg。按下式计算制备土样所需加水量:

$$m_w = \frac{m}{1 + 0.01 w_h} \times 0.01 (w - w_h) \tag{3-31}$$

式中:m_w——土样所需加水量(g);

m——风干含水率时的土样质量(g);

w_h——风干含水率(%);

w——土样所要求的含水率(%)。

将所取土样平铺于不吸水的盘内,用喷雾设备喷洒预计的加水量,并充分拌和;然后装入容器内盖紧,润湿一昼夜备用(砂类土浸润时间可酌量缩短)。

⑤测定湿润土样不同位置的含水率(至少两个以上),要求差值满足含水率测定的允许平行差值。

⑥对不同土层的土样制备混合试样时,应根据各土层厚度,按比例计算相应质量配合,然后按本方法步骤①～④进行扰动土的制备工序。

(3)试件饱和

土的孔隙逐渐被水填充的过程称为饱和。孔隙被水充满时的土,称为饱和土。

根据土的性质,决定饱和方法:

①砂类土:可直接在仪器内浸水饱和。

②较易透水的黏性土:即渗透系数大于 10^{-4} cm/s 时,采用毛细管饱和法较为方便,或采用浸水饱和法。

③不易透水的黏性土:即渗透系数小于 10^{-4} cm/s 时,采用真空饱和法。如土的结构性较弱,抽气可能发生扰动,不宜采用。

4. 试验步骤

(1)慢剪试验

①对准剪切容器上下盒,插入固定销,在下盒内放透水石和滤纸,将带有试样的环刀刃向上,对准剪盒口,在试样上放滤纸和透水石,将试样小心地推入剪切盒内。

②移动传动装置,使上盒前端钢珠刚好与测力计接触,依次加上传压板、加压框架,安装垂直位移量测装置,测记初始读数。

③根据工程实际和土的软硬程度施加各级垂直压力,然后向盒内注水;当试样为非饱和试样时,应在加压板周围包以湿棉花。

④施加垂直压力,每 1h 测记垂直变形一次。试样固结稳定时的垂直变形值为:黏质土垂直变形每 1h 不大于 0.005mm。

⑤拔去固定销,以小于 0.02mm/min 的速度进行剪切,并每隔一定时间测记测力计百分表读数,直至剪损。

⑥试样剪损时间可按下式估算:

$$t_f = 50t_{50} \qquad (3\text{-}32)$$

式中:t_f——达到剪损所经历的时间(min);

t_{50}——固结度达到50%所需的时间(min)。

⑦当测力计百分表读数不变或后退时,继续剪切至剪切位移为 4mm 时停止,记下破坏值。当剪切过程中测力计百分表无峰值时,剪切至剪切位移达 6mm 时停止。

⑧剪切结束,吸去盒内积水,退掉剪切力和垂直压力,移动压力框架,取出试样,测定其含水率。

(2)固结快剪试验

①对准剪切容器上下盒,插入固定销,在下盒内放透水石和滤纸,将带有试样的环刀刃向上,对准剪盒口,在试样上放滤纸和透水石,将试样小心地推入剪切盒内。

②移动传动装置,使上盒前端钢珠刚好与测力计接触,依次加上传压板、加压框架,安装垂直位移量测装置,测记初始读数。

③根据工程实际和土的软硬程度施加各级垂直压力,然后向盒内注水;当试样为非饱和试样时,应在加压板周围包以湿棉花。

④施加垂直压力,每1h测记垂直变形一次。试样固结稳定时的垂直变形值为:黏质土垂直变形每1h不大于0.005mm。

⑤拔去固定销,固结快剪试验的剪切速度为0.8mm/min,在3～5min内剪损。并每隔一定时间测记测力计百分表读数,直至剪损。

⑥试样剪损时间按式(3-32)估算。

⑦当测力计百分表读数不变或后退时,继续剪切至剪切位移为4mm时停止,记下破坏值。当剪切过程中测力计百分表无峰值时,剪切至剪切位移达6mm时停止。

⑧剪切结束,吸去盒内积水,退掉剪切力和垂直压力,移动压力框架,取出试样,测定其含水率。

(3)快剪试验

①对准剪切容器上下盒,插入固定销,在下盒内放透水石和滤纸,将带有试样的环刀刃向上,对准剪盒口,在试样上放滤纸和透水石,将试样小心地推入剪切盒内。

②移动传动装置,使上盒前端钢珠刚好与测力计接触,依次加上传压板、加压框架,安装垂直位移量测装置,测记初始读数。

③根据工程实际和土的软硬程度施加各级垂直压力,然后向盒内注水;当试样为非饱和试样时,应在加压板周围包以湿棉花。

④施加垂直压力,拔出固定销立即开动秒表,以0.8mm/min的剪切速度进行。

⑤当测力计百分表读数不变或后退时,继续剪切至剪切位移为4mm时停止,记下破坏值。当剪切过程中测力计百分表无峰值时,剪切至剪切位移达6mm时停止。

⑥剪切结束,吸去盒内积水,退掉剪切力和垂直压力,移动压力框架,取出试样,测定其含水率。

5.试验记录

本试验记录格式见表3-13、表3-14。

直接剪切试验记录(一)　　　　　　　　　　　　　　表3-13

工程名称＿＿＿＿＿＿＿＿＿＿＿　　　　试 验 者＿＿＿＿＿＿＿＿＿＿＿

土样编号＿＿＿＿＿＿＿＿＿＿＿　　　　校 核 者＿＿＿＿＿＿＿＿＿＿＿

土粒比重＿＿＿＿＿＿＿＿＿＿＿　　　　试验日期＿＿＿＿＿＿＿＿＿＿＿

试样编号			1			2			3			4			5		
			起始	饱和后	剪后	起始	饱和后	剪后	起始	饱和后	剪后	起始	饱和后	剪后	起始	饱和后	剪后
湿密度 ρ (g/cm^3)	(1)	(1)															
含水率 w	(2)	(2)															
干密度 ρ_d (g/cm^3)	(3)	$\dfrac{(1)}{1+\dfrac{(2)}{100}}$															
孔隙比 e	(4)	$\dfrac{10G_s}{(3)}-1$															
饱和度 S_r	(5)	$\dfrac{G_s(2)}{(4)}$															

直接剪切试验记录(二)　　　　　　　　　　　　　　　表 3-14

工程名称＿＿＿＿＿＿＿＿＿＿　　　　试 验 者＿＿＿＿＿＿＿＿＿＿

土样编号＿＿＿＿＿＿＿＿＿＿　　　　校 核 者＿＿＿＿＿＿＿＿＿＿

试验方法＿＿＿＿＿＿＿＿＿＿　　　　试验日期＿＿＿＿＿＿＿＿＿＿

试样编号　　　　仪器编号 手轮转数　　　　垂直压力 测力计校正系数 $C=$					剪切前固结时间　　　　剪切历时 剪切前压缩量　　　　抗剪强度				
手轮转数 (1)	测力计百 分表读数 (0.01mm) (2)	剪切位移 (0.01mm) (3) = (1)× 20 – (2)	剪应力 (kPa)(4) = (2) ×C	垂直位移 (0.01mm)	手轮转数 (1)	测力计百 分表读数 (0.01mm) (2)	剪切位移 (0.01mm) (3) = (1)× 20 – (2)	剪应力 (kPa)(4) = (2) ×C	垂直位移 (0.01mm)

6. 结果整理

(1) 剪切位移按下式计算:

$$\Delta l = 20n - R \tag{3-33}$$

式中: Δl——剪切位移 0.01mm, 精确至 0.1;

　　　n——手轮转数;

　　　R——百分表读数。

(2) 剪应力按下式计算:

$$\tau = CR \tag{3-34}$$

式中: τ——剪应力(kPa), 精确至 0.1;

　　　C——测力计校正系数(kPa/0.01mm)。

(3) 以剪应力 τ 为纵坐标, 剪切位移 Δl 为横坐标, 绘制 τ-Δl 的关系曲线, 如图 3-25 所示。

(4) 以垂直压力 p 为横坐标, 抗剪强度 S 为纵坐标, 将每一试样的抗剪强度点绘在坐标纸上, 并连成一直线。此直线的倾角为摩擦角 φ, 纵坐标上的截距为黏聚力 c, 如图 3-26 所示。

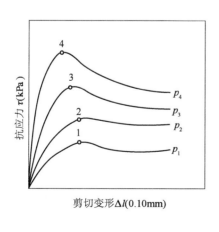

图 3-25　剪应力 τ 与剪切位移 Δl 的关系曲线

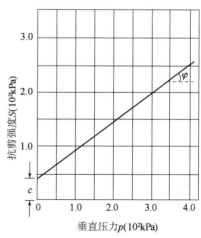

图 3-26　抗剪强度与垂直压力的关系曲线

7. 试验说明

(1)直接剪切试验所用仪器结构简单,操作方便,以往试验室均用该试验测定土的抗剪强度指标。由于应力条件和排水条件的限制,国外仅用直剪仪进行慢剪试验。《公路土工试验规程》(JTG E40—2007)规定慢剪是主要方法。慢剪试验是在试样上施加垂直压力及水平剪切力的过程中均匀地使试样排水固结。如在施工期和工程使用期有充分时间允许排水固结,则可采用慢剪试验。

(2)关于剪切标准,当剪应力与剪切变形的曲线有峰值时,表现出测力计百分表指针不再前进或显著后退,即为剪损。当剪应力与剪切变形的曲线无峰值时,表现出百分表指针随手轮旋转而继续前进,则规定某一剪切位移的剪应力值为破坏值。国内一般采用最大位移为试样样直径的1/10,对61.8mm直径的试样约为6mm,《公路土工试验规程》(JTG E40—2007)规定为6mm。

(3)固结快剪试验是在试样上施加垂直压力,待排水稳定后施加水平剪切力进行剪切。

由于仪器结构的限制,无法控制试样的排水条件,以剪切速率的快慢来控制试样的排水条件,实际上对渗透性大的土类还是要排水。为此,本试验规定对于渗透系数小于 10^{-6} cm/s 的土类,才允许用直剪仪进行固结快剪试验。对于公路高填方边坡,土体有一定湿度,施工中逐步压实固结,可以采用固结快剪试验。

(4)直剪仪分为应变控制式和应力控制式两种。应变控制式的优点是能较准确地制订剪应力和剪切位移曲线上的峰值和最后值,且操作方便,故《公路土工试验规程》(JTG E40—2007)以此仪器为准。

(5)对于每个土样切取多少个试样的问题,一般是按照垂直压力的分级来确定。对于正常固结黏土,一般在 100～400kPa 荷载的作用下,可以认为符合库仑方程的直线关系,所以切取 4 个土样,以便逐渐施加四级垂直压力。根据我们多年对黄土的试验,每一级压力宜小一些,可以取垂直压力分别为50kPa、100kPa、200kPa、300kPa 、400kPa 五级,需切取五个试样。

(6)剪切速率规定为 8mm/min,要求在 3～5min 内剪损,为的是在剪切过程中尽量避免试样有排水现象。

(7)快剪试验是在试样上施加垂直压力后,立即施加水平剪切力进行剪切。快剪试验用于在土体上施加荷载和剪切过程中均不发生固结和排水作用的情况。如公路挖方边坡,一般比较干燥,施工期边坡不发生排水固结作用,可以采用快剪试验。本试验适用于渗透系数小于 10^{-6} cm/s 的土类。

(8)快剪试验的剪切速率也规定为 0.8mm/min,要求在 3～5min 内剪损,对于渗透系数大于 10^{-6} cm/s 的土类,应在三轴仪中进行。

(二)砂土的直剪试验

1. 适用范围

本试验适用于砂类土。

2. 仪器设备

(1)应变控制式直剪仪:由剪切盒、垂直加荷设备、剪切传动装置、测力计和位移量测系统组成,如图3-23所示。

(2)环刀:内径61.8mm,高20mm。

（3）位移量测设备:百分表或传感器。百分表量程为 10mm,分度值为 0.01mm;传感器的精度应为零级。

3. 试样

（1）取过 2mm 筛的风干砂 1200g。

（2）将扰动土样进行土样描述,如颜色、土类、气味及夹杂物等。如有需要,将扰动土样充分拌匀,取代表性土样进行含水率测定。

（3）将块状扰动土放在橡皮板上用木碾或粉碎机碾散,但切勿压碎颗粒。如含水率较大不能碾散时,应风干至可碾散时为止。

（4）根据试验所需土样数量,将碾散后的土样过筛。物理性试验如液限、塑限、缩限等试验,需过 0.5mm 筛,常规水理及力学试验土样,需过 2mm 筛;击实试验土样的最大粒径必须满足击实试验采用不同击实筒试验时的土样中最大颗粒粒径的要求。按规定过标准筛后,取出足够数量的代表性试样,然后分别装入容器内,标以标签。标签上应注明工程名称、土样编号、过筛孔径、用途、制备日期和人员等,以备各项试验之用。若系含有大量粗砂及少量细粒土(泥砂或黏土)的松散土样,应加水润湿松散后,用四分法取出代表性试样;若系净砂,则可用匀土器取代表性试样。

（5）为配制一定含水率的试样,取过 2mm 筛的足够试验用的风干土 1~5kg。按式(3-31)计算制备土样所需加水量,将所取土样平铺于不吸水的盘内,用喷雾设备喷洒预计的加水量,并充分拌和;然后装入容器内盖紧,润湿一昼夜备用(砂类土浸润时间可酌量缩短)。

（6）测定湿润土样不同位置的含水率(至少两个以上),要求差值满足含水率测定的允许平行差值。

（7）对不同土层的土样制备混合试样时,应根据各土层厚度,按比例计算相应质量配合,然后按步骤(1)~(4)进行扰动土的制备工序。

（8）根据预定的试样干密度称取每个试样的风干砂质量,准确至 0.1g。每个试样的质量按下式计算:

$$m = V\rho_\mathrm{d} \tag{3-35}$$

式中:V——试样体积(cm³);

ρ_d——规定的干密度(g/cm³);

m——每一试件所需风干砂的质量(g)。

4. 试验步骤

（1）对准剪切容器上下盒,插入固定销,放入透水石。

（2）将试样倒入剪切容器内,放上硬木块,用手轻轻敲打,使试样达到预定干密度,取出硬木块,拂平砂面。

（3）拔去固定销,进行剪切试验。剪切速度为 0.8mm/min,在 3~5min 内剪损。并每隔一定时间测记测力计百分表读数,直至剪损。

（4）试样剪损时间可按式(3-32)估算。

（5）当测力计百分表读数不变或后退时,继续剪切至剪切位移为 4mm 时停止,记下破坏值。当剪切过程中测力计百分表无峰值时,剪切至剪切位移达 6mm 时停止。

（6）剪切结束,吸去盒内积水,退掉剪切力和垂直压力,移动压力框架,取出试样,测定其含水率。

（7）试验结束后，顺次卸除垂直压力、加压框架、钢珠、传压板。清除试样，并擦洗干净，以备下次应用。

5. 试验记录

本试验记录格式见表3-13、表3-14。

6. 结果整理

（1）剪切位移按式（3-33）计算。

（2）剪应力按式（3-34）计算。

（3）如欲求砂类土在某一垂直压力干密度下的抗剪强度，则以抗剪强度为纵坐标，垂直压力为横坐标，绘制在一定干密度下的抗剪强度与垂直压力的关系曲线，如图3-27所示。

（4）如欲求砂类土在某一压力下的抗剪强度，则以干密度为横坐标，抗剪强度为纵坐标，绘制一定垂直压力下的抗剪强度与干密度的关系曲线于坐标纸上，并连成一直线。此直线的倾角为摩擦角 φ，纵坐标上的截距为黏聚力 c，如图3-28所示。

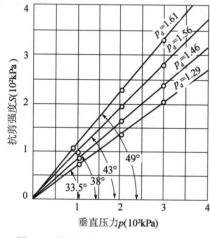

图3-27　抗剪强度与垂直压力的关系曲线　　　图3-28　抗剪强度与干密度的关系曲线

7. 试验说明

（1）本试验用于测定砂类土在不同干密度下的抗剪强度指标。

（2）本试验取过2mm筛的风干砂类土，并按预定的试样干密度，用公式计算每个试样需称取的砂质量。

（3）砂类土的渗透系数很大，潮湿状态与干燥状态的强度变化不大，剪切速度对强度几乎无影响，因此，可采用较快的剪切速率。

（4）试验结果表明，砂类土的内摩擦角随试样干密度的增加而增大。

第五节　土的三轴压缩试验

一、概述

三轴压缩试验（亦称三轴剪切试验）是试样在某一固定周围压力下，逐渐增大轴向压力，直至试样破坏的一种抗剪强度试验,是以莫尔-库仑理论为依据设计的三轴向加压的剪切试验。

三轴压缩试验是测定土体抗剪强度的一种比较完善的室内试验方法,通常采用 3~4 个圆柱形试样,分别在不同的周围压力下测得土的抗剪强度,再利用莫尔-库仑破坏准则确定土的抗剪强度参数。

三轴压缩试验可以严格控制排水条件,可以测量土体内的孔隙水压力,另外,试样中的应力状态也比较明确,试样破坏时的破裂面是在受力条件最薄弱处,而不像直剪试验那样限定在上、下盒之间。同时,三轴试验还可以模拟建筑物和建筑物地基的特点以及根据设计施工的不同要求确定试验方法。因此,对于特殊建筑物、高层建筑、重型厂房、深层地基、海洋工程、道路桥梁和交通航务等工程有着特别重要的意义。

二、试验方法

根据土样固结排水条件和剪切时的排水条件,三轴试验可分为不固结不排水剪切试验(UU)、固结不排水剪切试验(CU)、固结排水剪切试验(CD)。

1. 不固结不排水剪试验

土样在施加周围压力和随后施加偏应力直至剪坏的整个试验过程都不允许排水,这样,从开始加压直至试样剪坏,土中的含水率始终保持不变,孔隙水压力也不可能消散,可以测得总应力抗剪强度指标 c_u、φ_u。本试验适用于测定细粒土和砂类土的总抗剪强度参数 c_u、φ_u。

2. 固结不排水剪试验

固结不排水(CU)试验是使试样先在某一周围压力作用下排水固结,然后在保持不排水的情况下,增加轴向压力直至破坏。本试验适用于测定黏质土和砂类土的总抗剪强度参数 c_{cu}、φ_{cu} 或有效抗剪强度参数 c'、φ' 和孔隙压力系数。

3. 固结排水剪试验

固结排水试验(CD)是使试样先在某一周围压力作用下排水固结,然后在允许试样充分排水的情况下增加轴向压力直至破坏。本试验适用于测定黏质土和砂类土的抗剪强度参数 c_d、φ_d。

三、仪器设备

(1)三轴压缩仪:应变控制式(图 3-29、图 3-30),由周围压力系统、反压力系统、孔隙水压力量测系统和主机组成。

(2)附属设备:包括击实器(图 3-31)、切土器(图 3-32)、切土盘(图 3-33)、饱和器(图 3-34)、分样器(图 3-35)、承膜筒(图 3-36)和对开圆模(图 3-37),应符合下列要求:

①百分表:量程 3cm 或 1cm,分度值 0.01mm。

②天平:称量 200g,感量 0.01g;称量 1000g,感量 0.1g。

③橡皮膜:应具有弹性,厚度应小于橡皮膜直径的 1/100,不得有漏气孔。

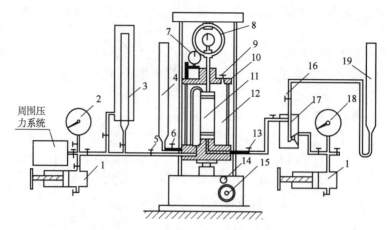

图 3-29 应变控制式三轴压压缩仪示意图

1-调压筒;2-周围压力表;3-体变管;4-排水管;5-周围压力阀;6-排水阀;7-变形量表;8-量力环;9-排气孔;10-轴向加压设备;11-试样;12-压力室;13-孔隙压力阀;14-离合器;15-手轮;16-量管阀1;17-零位指示器;18-孔隙压力表;19-量管

图 3-30 三轴仪

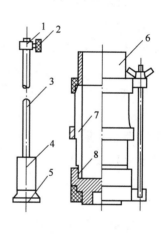

图 3-31 击实器

1-套环;2-定位螺栓;3-导杆;4-击锤;5-底板;
6-套筒;7-饱和器;8-底板

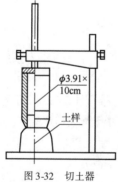

图 3-32 切土器

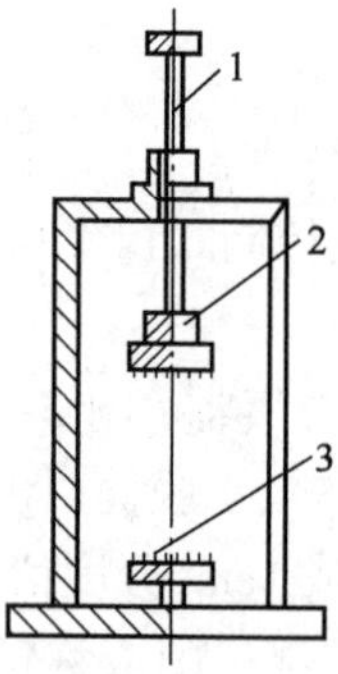

图 3-33 切土盘

1-转轴;2-上盘;3-下盘

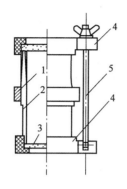

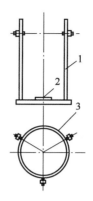

图 3-34 饱和器
1-紧箍;2-土样筒;3-透水石;
4-夹板;5-拉杆

图 3-35 原状土分样器
(适用于软黏土)
1-滑杆;2-底座;3-钢丝架

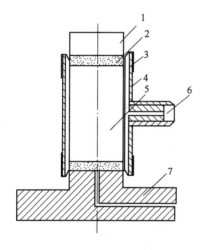

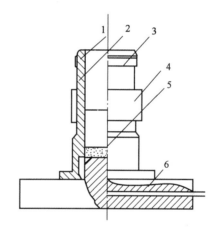

图 3-36 承膜筒
1-上帽;2-透水石;3-橡皮膜;4-承膜筒身;5-试
样;6-吸气孔;7-三轴仪底座

图 3-37 对开圆膜(制备饱和的砂样)
1-橡皮膜;2-制样圆模(两片组成);3-橡皮圈;
4-圆箍;5-透水石;6-仪器底座

四、仪器检查

(1)周围压力的测量精度为全量程的 1%,测读分值为 5kPa。

(2)孔隙水压力系统内的气泡应完全排除。系统内的气泡可用纯水施加压力使气泡上升至试样顶部沿底座溢出,测量系统的体积因数应小于 $1.5 \times 10^{-5} \mathrm{cm}^3/\mathrm{kPa}$。

(3)管路应畅通,活塞应能滑动,各连接处应无漏气。

(4)橡胶膜在使用前应仔细检查,方法是在膜内充气,扎紧两端,然后在水下检查有无漏气。

五、试样制备

(1)本试验需 3~4 个试样,分别在不同周围压力下进行试验。

（2）试样尺寸：最小直径为 35mm，最大直径为 101mm，试样高度宜为试样直径的 2 ~ 2.5 倍，试样的最大粒径应符合表 3-15 规定。对于有裂缝、软弱面和构造面的试样，试样直径宜大于 60mm。

试样的土粒最大粒径　　　　　　　　　　　　　　　　表 3-15

试样直径 ϕ（mm）	允许最大粒径（mm）
$\phi < 100$	试样直径的 1/10
$\phi \geq 100$	试样直径的 1/5

（3）原状土试样的制备：根据土样的软硬程度，分别用切土盘和切土器切成圆柱形试样，试样两端应平整，并垂直于试样轴。当试样侧面或端部有小石子或凹坑时，允许用削下的余土修整。试样切削时应避免扰动，并取余土测定试样的含水率。

（4）扰动土试样制备：根据预定的干密度和含水率，按下述方法备样后，在击实器内分层击实，粉质土宜为 3 ~ 5 层，黏质土宜为 5 ~ 8 层，各层土样数量相等，各层接触面应刨毛。

①将扰动土样进行土样描述，如颜色、土类、气味及夹杂物等。如有需要，将扰动土样充分拌匀，取代表性土样进行含水率测定。

②将块状扰动土放在橡皮板上用木碾或粉碎机碾散，但切勿压碎颗粒。如含水率较大不能碾散时，应风干至可碾散时为止。

③根据试验所需土样数量，将碾散后的土样过筛。物理性试验如液限、塑限、缩限等试验，需过 0.5mm 筛；常规水理及力学试验土样，需过 2mm 筛；击实试验土样的最大粒径必须满足击实试验采用不同击实筒试验时的土样中最大颗粒粒径的要求。按规定过标准筛后，取出足够数量的代表性试样，然后分别装入容器内，标以标签。标签上应注明工程名称、土样编号、过筛孔径、用途、制备日期和人员等，以备各项试验之用。若系含有大量粗砂及少量细粒土（泥砂或黏土）的松散土样，应加水润湿松散后，用四分法取出代表性试样。若系净砂，则可用匀土器取代表性试样。

④为配制一定含水率的试样，取过 2mm 筛的足够试验用的风干土 1 ~ 5kg。按式（3-31）计算制备土样所需加水量。

将所取土样平铺于不吸水的盘内，用喷雾设备喷洒预计的加水量，并充分拌和；然后装入容器内盖紧，润湿一昼夜备用（砂类土浸润时间可酌量缩短）。

⑤测定湿润土样不同位置的含水率（至少两个以上），要求差值满足含水率测定的允许平行差值。

⑥对不同土层的土样制备混合试样时，应根据各土层厚度，按比例计算相应质量配合，然后按本方法步骤（1）~（4）进行扰动土的制备工序。

（5）对于砂类土，应先在压力室底座上依次放上不透水板、橡皮膜和对开圆膜。将砂料填入对开圆膜内，分三层按预定干密度击实。当制备饱和试样时，在对开圆膜内注入纯水至 1/3 高度，将煮沸的砂料分三层填入，达到预定高度。放上不透水板、试样帽、扎紧橡皮膜。对试样内部施加 5kPa 负压力，使试样能站立，拆除对开膜。

（6）对制备好的试样，量测其直径和高度。试样的平均直径 D_0 按下式计算：

$$D_0 = \frac{D_1 + 2D_2 + D_3}{4} \qquad (3\text{-}36)$$

式中：D_1、D_2、D_3——为上、中、下部位的直径（mm）。

六、试样饱和

1.抽气饱和

（1）仪器设备

①真空饱和法整体装置如图 3-38 所示。

②饱和器：尺寸形式见图 3-39 ~ 图 3-41。

③真空缸：金属或玻璃制。

④抽气机。

⑤真空测压表。

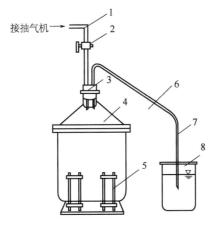

图 3-38　真空饱和法装置

1-排气管；2-二通阀；3-橡皮塞；4-真空缸；
5-饱和器；6-管夹；7-引水管；8-水缸

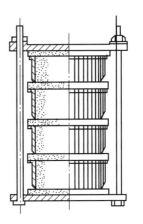

图 3-39　重叠式饱和器

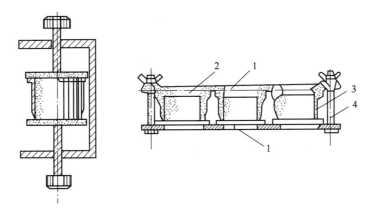

图 3-40　框架式饱和器

图 3-41　平列式饱和器

1-夹板；2-透水石；3-环刀；4-拉杆

（2）操作步骤

①将试件削入环刀，而后装入饱和器。

②将装好试件的饱和器放入真空缸内，盖口涂一薄层凡士林，以防漏气。

③关管夹，开阀门（图3-38），开动抽气机，抽除缸内及土中气体。当真空压力表达到－101.325kPa（一个负大气压力值）后，稍微开启管夹，使清水从引水管徐徐注入真空缸内。在注水过程中，应调节管夹，使真空压力表上的数值基本上保持不变。

④待饱和器完全淹没水中后，即停止抽气，将引水管自水缸中提出，令空气进入真空缸内，静待一定时间，借大气压力，使试件饱和。

⑤取出试件称质量，精确至0.1g，计算饱和度。

2. 水头饱和

将试样装于压力室内，施加20kPa周围压力。水头高出试样顶部1m，使纯水从底部进入试样，从试样顶部溢出，直至流入水量和溢出水量相等为止。当需要提高试样的饱和度时，宜在水头饱和前，从底部将二氧化碳气体通入试样，置换孔隙中的空气，再进行水头饱和。

3. 反压力饱和

试样要求完全饱和时，应对试样施加反压力。反压力系统与周围压力相同，但应用双层体变管代替排水量管。试样装好后，调节孔隙水压力等于101.325kPa（大气压力），关闭孔隙水压力阀、反压力阀、体变管阀，测记体变管读数。开周围压力阀，对试样施加10～20kPa的周围压力，开孔隙压力阀，待孔隙压力变化稳定，测记读数。关孔隙压力阀。开体变管阀和反压力阀，同时施加周围压力和反压力，每级增量30kPa，缓慢打开孔隙压力阀，检查孔隙水压力增量，待孔隙水压力稳定后测记孔隙水压力和体变管读数，再施加下一级周围压力和反压力。每施加一级压力都测定孔隙水压力。当孔隙水压力增量与周围压力增量之比 $\Delta u/\Delta\sigma_3 > 0.98$ 试样达到饱和。

七、试验步骤

1. 不固结不排水试验

（1）在压力室底座上依次放上不透水板、试样及试样帽，将橡皮膜套在试样外，并将橡皮膜两端与底座入试样帽分别扎紧。

（2）装上压力室罩，向压力室内注满纯水，关排气阀，压力室内不应有残留气泡。并将活塞对准测力计和试样顶部。

（3）关排水阀，开周围压力阀，施加周围压力，周围压力值应与工程实际荷载相适应，最大一级周围压力应与最大实际荷载大致相等。

（4）转动手轮，使试样帽与活塞及测力计接触，装上变形百分表，将测力计和变形百分表读数调至零位。

（5）试样剪切。

①剪切应变速率宜为每分钟0.5%～1%。

②开动马达，接上离合器，开始剪切。试样每产生0.3%～0.4%的轴向应变，测记一次测力计读数和轴向应变。当轴向应变大于3%时，每隔0.7%～0.8%的应变值测记一次读数。

③当测力计读数出现峰值时,剪切应继续进行至超过5%的轴向应变为止。

④试验结束后,先关闭周围压力阀,关闭马达,拨开离合器。倒转手轮,然后打开排气孔,排除受压室内的水,拆除试样,描述试样破坏形状,称试样质量,并测定含水率。

2.固结不排水试验

(1)试样安装

①开孔隙水压力阀和排水阀,对孔隙水压力系统及压力室底座充水排气后,关孔隙水压力阀和排水阀。压力室底座上依次放上透水板、滤纸、试样及试样帽。试样周围贴浸湿的滤纸条,套上橡皮膜,将橡皮膜下端与底座扎紧。从试样底部充水,排除试样与橡皮膜之间的气泡,并将橡皮膜上部与试样帽扎紧。降低排水管,使管内水面位于试样中心以下20~40cm,吸除余水,关排水阀。需要测定应力应变时,应在试样与透水板之间放置中间夹有硅脂的两层圆形橡皮膜,膜中间应留直径为1cm的圆孔排水。

②安装压力室罩,充水,关排气阀,压力室内不应有残留气泡。并将活塞对准测力计和试样顶部。提高排水管,使管内水面与试样高度的中心齐平,测记排水面读数。

③开孔隙水压力阀,使孔隙水压力值等于大气压力,关闭孔隙水压力阀。

④在压力室底座上依次放上不透水板、试样及试样帽,将橡皮膜套在试样外,并将橡皮膜两端与底座入试样帽分别扎紧。

⑤装上压力室罩,向压力室内注满纯水,关排气阀,压力室内不应有残留气泡。并将活塞对准测力计和试样顶部。

⑥关排水阀,开周围压力阀,施加周围压力,周围压力值应与工程实际荷载相适应,最大一级周围压力应与最大实际荷载大致相等。

⑦转动手轮,使试样帽与活塞及测力计接触,装上变形百分表,将测力计和变形百分表读数调至零位。

⑧调整轴向压力、轴向应变和孔隙水压力为零点,并记下体积变化量管的读数。

(2)试样排水固结

①开孔隙水压力阀,测定孔隙水压力。开排水阀。当需要测定排水过程时,按0s、15s、1min、2min、4min、6min、9min、12min、16min、20min、25min、35min、45min、60min、90min、2h、4h、10h、23h、24h,测记排水管水面读数及孔隙水压力值,直至孔隙水压力消散95%以上。固结稳定的标准是最后1h变形量不超过0.01mm。固结完成后,关排水阀,测记排水管读数和孔隙水压力读数。

②微调压力机升降台,使活塞与试样接触,此时轴向变形百分表的变化值为试样固结时高度变化。

(3)试样剪切

①将轴向测力计、轴向变形百分表和孔隙水压力读数均调整至零。

②选择剪切应变速率,进行剪切。黏质土每分钟应变为0.05%~0.1%,粉质土每分钟应变为0.1%~0.5%。

③轴向压力、孔隙水压力和轴向变形,按下述测记。

a.开动马达,接上离合器,开始剪切。试样每产生0.3%~0.4%的轴向应变,测记一次测力计读数和轴向应变。当轴向应变大于3%时,每隔0.7%~0.8%的应变值测记一次读数。

b.当测力计读数出现峰值时,剪切应继续进行至超过5%的轴向应变为止。当测力计读数无峰值时,剪切应进行到轴向应变为15%~20%。

④试验结束,关电动机和各阀门,开排气阀,排除压力室内的水,拆除试样,描述试样破坏形状。称试样质量,并测定含水率。

3.排水固结试验

(1)试样安装

①开孔隙水压力阀和排水阀,对孔隙水压力系统及压力室底座充水排气后,关孔隙水压力阀和排水阀。压力室底座上依次放上透水板、滤纸、试样及试样帽。试样周围贴浸湿的滤纸条,套上橡皮膜,将橡皮膜下端与底座扎紧。从试样底部充水,排除试样与橡皮膜之间的气泡,并将橡皮膜上部与试样帽扎紧。降低排水管,使管内水面位于试样中心以下20~40cm,吸除余水,关排水阀。需要测定应力应变时,应在试样与透水板之间放置中间夹有硅脂的两层圆形橡皮膜,膜中间应留直径为1cm的圆孔排水。

②安装压力室罩,充水,关排气阀,压力室内不应有残留气泡。并将活塞对准测力计和试样顶部。提高排水管,使管内水面与试样高度的中心齐平,测记排水面读数。

③开孔隙水压力阀,使孔隙水压力值等于大气压力,关闭孔隙水压力阀。

④关排水阀,开周围压力阀,施加周围压力,周围压力值应与工程实际荷载相适应,最大一级周围压力应与最大实际荷载大致相等。

⑤转动手轮,使试样帽与活塞及测力计接触,装上变形百分表,将测力计和变形百分表读数调至零位。

⑥调整轴向压力、轴向应变和孔隙水压力为零点,并记下体积变化量管的读数。

(2)试样排水固结

①开孔隙水压力阀,测定孔隙水压力。开排水阀。当需要测定排水过程时,测记排水管水面及孔隙水压力值,直至孔隙水压力消散95%以上。固结完成后,关排水阀,测记排水管读数和孔隙水压力读数。

②微调压力机升降台,使活塞与试样接触,此时轴向变形百分表的变化值为试样固结时高度变化。

(3)试样剪切

①将轴向测力计、轴向变形百分表和孔隙水压力读数均调整至零。打开排水阀。

②选择剪切应变速率,进行剪切。剪切速率采用每分钟应变0.003%~0.012%。

③轴向压力和轴向变形,按下述测记。

a.开动马达,接上离合器,开始剪切。试样每产生0.3%~0.4%的轴向应变,测记一次测力计读数和轴向应变。当轴向应变大于3%时,每隔0.7%~0.8%的应变值测记次读数。

b.当测力计读数出现峰值时,剪切应继续进行至超过5%的轴向应变为止。当测力计读数无峰值时,剪切应进行到轴向应变为15%~20%。

c.在剪切过程中试样始终排水,孔隙水压力为零。

④试验结束,关电动机和各阀门,开排气阀,排除压力室内的水,拆除试样,描述试样破坏形状。称试样质量,并测定含水率。

八、试验记录

本试验记录格式见表3-16、表3-17、表3-18。

三轴压缩试验记录(一)　　　　　　　　　　　　　　　　　表3-16

工程名称＿＿＿＿＿＿＿＿＿　　　　　　土样编号＿＿＿＿＿＿＿＿＿

土样说明＿＿＿＿＿＿＿＿＿　　　　　　试验方法＿＿＿＿＿＿＿＿＿

试　验　者＿＿＿＿＿＿＿＿＿　　　　　　试验日期＿＿＿＿＿＿＿＿＿

试样状态记录				周围压力(kPa)	
	起始的	固结后	剪切后	反压力(kPa)	
直径 D(cm)				周围压力下的孔隙水压力(kPa)	
高度 h_L(cm)				孔隙水压力系数 $B = \dfrac{\mu}{\sigma_3}$	
面积 A(cm²)					
体积 V(cm³)				破坏应变 ε_f(%)	
质量 m(g)				破坏主应力差 $\sigma_1 - \sigma_3$(kPa)	
密度(g/cm³)				破坏大主应力 σ_{1f}	
干密度 ρ_d(g/cm³)				破坏孔隙水压力系数 $\overline{B}_f = \dfrac{\mu_f}{\sigma_{1f}}$	
试样含水记录				相应的有效大主应力 σ'_1	
盒号	起始的		剪切后	相应的有效小主应力 σ'_3	
盒质量(g)				最大有效主应力比 $\left[\dfrac{\sigma'_1}{\sigma'_3}\right]_{max}$	
盒+湿土质量(g)				破坏点选值准则 $\left[\dfrac{\sigma'_1}{\sigma'_3}\right]_{max}$	
湿土质量(g)					
盒+干土质量(g)					
干土质量(g)					
水质量(g)				孔隙水压力系数 $A_f = \dfrac{\mu_f}{B(\sigma_1 - \sigma_3)_f}$	
饱和度				试样破坏情况描述	

三轴压缩试验记录(二)(反压力和固结过程) 表 3-17

土 样 编 号＿＿＿＿＿＿＿　　试验者＿＿＿＿＿＿＿　　校 核 者＿＿＿＿＿＿＿

固结周围压力＿＿＿＿＿＿＿　　计算者＿＿＿＿＿＿＿　　试验日期＿＿＿＿＿＿＿

加反压力过程						说明	固结过程						
时间 (min)	周围 压力 σ_3 (kPa)	反压力 u_0 (kPa)	孔隙水 压力 u	孔隙 水压力 增量 Δu	试验体 积变化		时间 (min)	排水量管		孔隙水压力		体积变化管	
					读数 (cm³)	体变 量		读数	排水 量	读数	压力 (kPa)	读数 (cm³)	体变量 (cm³)

三轴压缩试验记录(三) 表 3-18

土 样 编 号＿＿＿＿＿＿＿　　试 验 方 法＿＿＿＿＿＿＿　　周 围 压 力＿＿＿＿＿＿＿

试 验 者＿＿＿＿＿＿＿　　计 算 者＿＿＿＿＿＿＿　　校 核 者＿＿＿＿＿＿＿

试 验 日 期＿＿＿＿＿＿＿　　固结下沉量＿＿＿＿＿＿＿　　测力计校正系数＿＿＿＿＿＿＿

剪 切 速 率＿＿＿＿＿＿＿　　固结后高度＿＿＿＿＿＿＿　　固 结 后 面 积＿＿＿＿＿＿＿

轴向变形 读数 (0.01mm)	轴向应变 $\varepsilon_1 = \dfrac{\Delta h_i}{h_c}$	试样校正 后面积 $A_a = \dfrac{A_c}{1-\varepsilon_1}$ (cm²)	测力计百 分表读数 R (0.01mm)	主应力差 $(\sigma_1 - \sigma_3) = \dfrac{RC}{A_c} \times 100$(kPa)	大主应力 $\sigma_1 = (\sigma_1 - \sigma_3) + \sigma_3$ (kPa)	孔隙水压力		有效大 主应力 σ_1' (kPa)	有效小 主应力 σ_3' (kPa)	有效主 应力比 $\dfrac{\sigma_1'}{\sigma_3'}$ (kPa)
						读数 (kPa)	压力值 (kPa)			

九、结果整理

1. 不固结不排水试验

(1)轴向应变按下式计算:

$$\varepsilon_1 = \frac{\Delta h_i}{h_0} \tag{3-37}$$

式中:ε_1——轴向应变值(%);

Δh_i——剪切过程中的高度变化(mm);

h_0——试样起始高度(mm)。

(2)试样面积的校正按下式计算:

$$A_a = \frac{A_0}{1-\varepsilon_1} \tag{3-38}$$

式中:A_a——试样的校正断面积(cm²);

A_0——试样的初始断面积(cm^2)。

（3）主应力差按下式计算：

$$\sigma_1 - \sigma_3 = \frac{CR}{A_a} \times 10 \qquad (3-39)$$

式中：σ_1——大主应力(kPa)；

　　　σ_3——小主应力(kPa)；

　　　C——测力计校正系数(N/0.01mm)；

　　　R——测力计读数(0.01mm)。

（4）轴向应变与主应力差的关系曲线应在直角坐标纸上绘制。

以($\sigma_1 - \sigma_3$)的峰值为破坏点，无峰值时，取15%轴向应变时的主应力差值作为破坏点。

以法向应力为横坐标，剪应力为纵坐标，在横坐标上以$\dfrac{\sigma_{1f} + \sigma_{3f}}{2}$为圆心，$\dfrac{\sigma_{1f} - \sigma_{3f}}{2}$为半径(f注脚表示破坏)，在$\tau$-$\sigma$应力平面图上绘制破损应力图，并绘制不同周围压力下破损应力圆的包线，求出不排水强度参数(图3-42)。

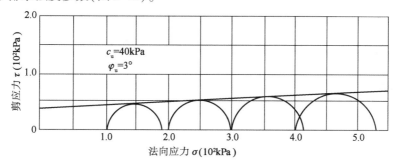

图3-42　不固结不排水剪强度包线

2. 固结不排水试验

（1）试样固结的高度计算：

按实测固结下沉计算试样的固结后高度

$$h_c = h_0 - \Delta h_c \qquad (3-40)$$

按等应变简化式计算试样的固结后高度

$$h_c = h_0 \left(1 - \frac{\Delta V}{V_0}\right)^{\frac{1}{3}} \qquad (3-41)$$

式中：h_c——试样固结后的高度(cm)；

　　　ΔV——试样固结后与固结前的体积变化(cm^3)。

（2）试样固结后的面积按下式计算：

按实测固结下沉计算试样的固结后面积

$$A_c = \frac{V_0 - \Delta V}{h_c} \qquad (3-42)$$

按等应变简化式计算试样的固结后面积

$$A_c = A_0 \left(1 - \frac{\Delta V}{V_0}\right)^{\frac{2}{3}} \qquad (3-43)$$

式中：A_c——试样固结后的断面积（cm^2）。

（3）剪切时试样的校正面积按下式计算：

$$A_a = \frac{A_c}{1 - \varepsilon_1}$$ （3-44）

（4）主应力差按式（3-39）计算：

$$\sigma_1 - \sigma_3 = \frac{CR}{A_a} \times 10$$

（5）有效主应力比按下列公式计算：

①有效大主应力

$$\sigma_1' = \sigma_1 - u$$ （3-45）

式中：σ_1'——有效大主应力（kPa）；

　　u——孔隙水压力（kPa）。

②有效小主应力

$$\sigma_3' = \sigma_3 - u$$ （3-46）

③有效主应力比

$$\frac{\sigma_1'}{\sigma_3'} = 1 + \frac{\sigma_1' - \sigma_3'}{\sigma_3'}$$ （3-47）

（6）孔隙水压力系数按下列公式计算：

①初始孔隙水压力系数

$$B = \frac{u_0}{\sigma_3}$$ （3-48）

式中：B——初始孔隙水压力系数；

　　u_0——初始周围压力产生的孔隙水压力（kPa）。

②破坏时孔隙水压力系数

$$A_f = \frac{u_f}{B(\sigma_1 - \sigma_3)_f}$$ （3-49）

式中：A_f——破坏时的孔隙 u_f 水压力系数；

　　u_f——试样破坏时，主应力差产生的孔隙水压力（kPa）。

（7）轴向应变与主应力差的关系曲线按图3-43绘制。

（8）轴向应变与有效主应力比的关系曲线按图3-44绘制。

（9）轴向应变与孔隙水压力的关系曲线按图3-45绘制。

（10）有效应力路径曲线按图3-46绘制，并计算有效摩擦角和有效黏聚力。

①有效摩擦角按下式计算：

$$\varphi' = \sin^{-1} \tan\alpha$$ （3-50）

式中：φ'——有效摩擦角；

　　α——应力路径图上破坏点连线的倾角。

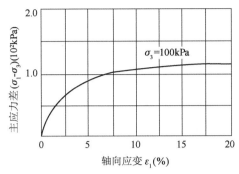

图 3-43　主应力差与轴向应变的关系曲线

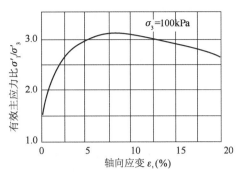

图 3-44　有效主应力比与轴向应变的关系曲线

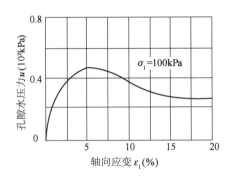

图 3-45　孔隙水压力与轴向应变的关系曲线

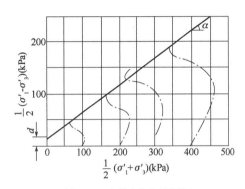

图 3-46　有效应力路径曲线

②有效黏聚力按下式计算:

$$c' = \frac{d}{\cos\varphi'} \tag{3-51}$$

式中:c'——有效黏聚力(kPa);

　　　d——应力路径图上破坏点连线在纵坐标轴上的截距(kPa)。

(11)破坏应力圆、摩擦角和黏聚力的确定,根据轴向应变与主应力差的关系曲线在直角坐标纸上绘制。

以($\sigma_1 - \sigma_3$)的峰值为破坏点,无峰值时,取 15%轴向应变时的主应力差值作为破坏点。

以法向应力为横坐标,剪应力为纵坐标,在横坐标上以$\frac{\sigma_{1f} + \sigma_{3f}}{2}$为圆心,$\frac{\sigma_{1f} - \sigma_{3f}}{2}$为半径(f 注脚表示破坏),在$\tau$-$\sigma$应力平面图上绘制破损应力图,并绘制不同周围压力下破损应力圆的包线。求出不排水强度参数。

(12)有效摩擦角和有效黏聚力,应以$\frac{\sigma'_{1f} + \sigma'_{3f}}{2}$为圆心,$\frac{\sigma'_{1f} - \sigma'_{3f}}{2}$为半径绘制有效破损应力圆确定(图 3-47)。

3.固结排水试验

(1)试样固结的高度计算:

按实测固结下沉计算试样的固结后高度,见式(3-40)。

按等应变简化式计算试样的固结后高度,见式(3-41)。

(2)试样固结后的面积:

按实测固结下沉计算试样的固结后面积,见式(3-42)。

按等应变简化式计算试样的固结后面积,见式(3-43)。

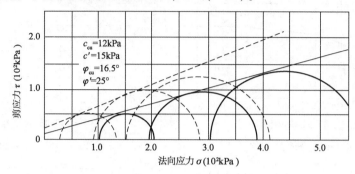

图3-47 固结不排水剪强度包线

(3)剪切时试样的校正面积按下式计算:

$$A_a = \frac{V_c - \Delta V_i}{h_c - \Delta h_i}$$

(3-52)

式中:ΔV_i——剪切过程中试样的体积变化(cm³);

Δh_i——剪切过程中试样的高度变化(cm)。

(4)轴向应变按式(3-37)计算:

$$\varepsilon_1 = \frac{\Delta h_i}{h_0}$$

(5)试样面积的校正按式(3-38)计算。

(6)主应力差按式(3-39)计算。

(7)有效主应力比的计算:

①有效大主应力按式(3-45)计算。

②有效小主应力按式(3-46)计算。

③有效主应力比按式(3-47)计算。

(8)孔隙水压力系数计算:

①初始孔隙水压力系数按式(3-48)计算。

②破坏时孔隙水压力系数按式(3-49)计算。

(9)绘制抽向应力 σ_1 与主应力差($\sigma_1 - \sigma_3$)的关系曲线。

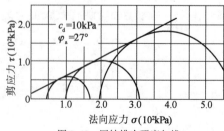

图3-48 固结排水强度包线

(10)绘制轴向应变 ε_1 与主应力比 $\frac{\sigma_1}{\sigma_3}$ 的关系曲线。

(11)破坏应力圆、摩擦角和黏聚力的确定(图3-48)以($\sigma_1 - \sigma_3$)的峰值为破坏点,无峰值时,取15%轴向应变时的主应力差值作为破坏点。以法向应力为横坐标,剪应力为纵坐标,在横坐标上

以 $\dfrac{\sigma_{1f}+\sigma_{3f}}{2}$ 为圆心，$\dfrac{\sigma_{1f}-\sigma_{3f}}{2}$ 为半径(f 注脚表示破坏)，在 τ-σ 应力平面图上绘制破损应力图，并绘制不同周围压力下破损应力圆的包线。求出不排水强度参数。

十、试验说明

1. 不固结不排水试验

(1)不固结不排水(UU)试验通常用 3~4 个圆柱形试样，分别在不同恒定周围压力(即小主应力 σ_3)下，施加轴向压力[即主应力差($\sigma_1-\sigma_3$)]进行剪切，直至破坏，在整个过程中，不允许试样排水。

本试验适用于测定黏质土和砂类土的总抗剪强度参数 c_u、φ_u。

(2)试验前要求对仪器进行检查，以保证施加的周围压力能保持恒压。孔隙水压力量测系统应无气泡。仪器管路应畅通，无漏水现象。

(3)由于不同土类的破坏特性不同，不能用一种标准来选择破坏标准。试验中规定采用最大主应力差、最大主应力比和有效应力路径的方法来确定强度的破坏值。当试验中无明显破坏值时，为了简单，可采用应变为 15% 时的主应力差作为破坏值。当出现峰值后，再进行 5% 后停止试验；若测力计读数无明显减少，则垂直应变应进行到 20%。

2. 固结不排水试验

(1)固结不排水试验中测定孔隙水压力可求得土的有效强度指标，以便进行土体稳定的有效应力分析。试验中同时能测得总应力强度指标。

(2)在试样两端涂硅脂，可以减少端部摩擦，有利于试样内应力分布均匀，孔隙水压力传递快。橡皮膜对试验结果的影响有两方面：一方面是它的约束作用使试样强度增大；另一方面是膜的渗漏改变试样的含水率。是否对橡皮膜进行校正，可根据试验的精度要求及橡皮膜影响大小而定，《公路土工试验规程》(JTG E40—2007)未作明确规定。对于常规的、不大的周围压力下进行短期试验(如一日内完成)，可不考虑橡皮膜的渗漏影响。

(3)关于固结标准，可采用两种方法：一种是以固结排水量达到稳定作为固结标准；另一种是以孔隙水压力完全消散作为固结标准。一般试验中，都以孔隙水压力消散度来检验固结完成情况，故《公路土工试验规程》(JTG E40—2007)规定以孔隙水压力消散 95% 作为判别固结的标准。

(4) 对于不同土类应选择不同的剪切速率，目的是使剪切过程中形成的孔隙水压力均匀增长，能测得比较符合实际的孔隙水压力。三轴压缩试验中，黏质土和粉质土剪切速率相差较大，故分别规定。砂类土的剪切速率以试验方便为原则，每分钟应变可在 0.5%~1.0%。

(5)试验固结后的高度及面积可按实际的垂直变形量和排水量两种方法计算。鉴于试验过程中，装样时有剩余水分存在，而且垂直变形也不易测准确，因此，《公路土工试验规程》(JTG E40—2007)建议采用两种方法。后一种方法是根据等应变条件推导而得，并认为饱和试样固结前后质量之差即为体积之差。剪切过程中的校正面积按平均断面计算剪损面积。

3.固结排水试验

(1)固结排水试验的目的是测定土的应力应变关系,求得土的有效强度指标,从而研究各种土类的变形特性。

(2)固结排水试验的剪切速率对试验结果的影响,主要是由于在剪切过程中存在孔隙水压力造成的。如剪切速度快,孔隙水压力不完全消散,就不能得到真实的有效强度指标。比较试验表明,对黏质土,剪切应变速率选用每分钟0.003% ~0.012%,虽仍有微量的孔隙水压力产生,但对强度影响不大,故《公路土工试验规程》(JTG E40—2007)采用该速率进行试验。

第六节　土的无侧限抗压强度试验

无侧限抗压强度是指试样在无侧向压力下,抵抗轴向压力的极限强度。原状土的无侧限抗压强度与重塑土的无侧限抗压强度之比称为土的灵敏度。

无侧限抗压强度试验是三轴试验的一种特殊情况,即周围压力 $\sigma_3 = 0$ 的三轴试验,所以又称单轴试验,一般情况下,适用于测定饱和黏质土的无侧限抗压强度及灵敏度。

1.适用范围

(1)无侧阻抗压强度是试件在无侧向压力的条件下,抵抗轴向压力的极限强度。

(2)本试验适用于测定饱和软黏土的无侧限抗压强度及灵敏度。

2.仪器设备

(1)应变控制式无侧阻抗压强度仪如图3-49、图3-50所示,包括测力计、加压框架及升降螺杆。根据土的软硬程度,选用不同量程的测力计。

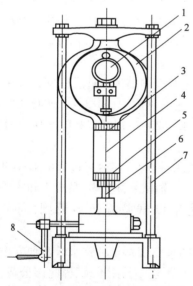

图3-49　应变控制式无侧限抗压强度仪
1-百分表;2-测力计;3-上加压杆;4-试样;5-下加压板;6-升降螺杆;7-加压框架;8-手轮

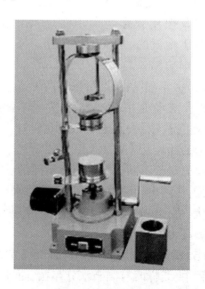

图3-50　无侧限抗压强度仪

（2）切土盘：见图 3-51。

（3）重塑筒：筒身可拆为两半，内径 40mm，高 100mm。

（4）百分表：量程 10mm，分度值 0.01mm。

（5）其他：天平（感量 0.1g）、秒表、卡尺、直尺、削土刀、钢丝锯、塑料布、金属垫板、凡士林等。

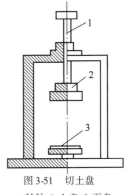

图 3-51　切土盘
1-转轴；2-上盘；3-下盘

3. 试样

（1）将原状土样按天然层次方向放在桌上，用削土刀或钢丝锯削成稍大于试件直径的土柱，放入切土盘的上下盘之间，再用削土刀或钢丝锯沿侧面自上而下细心切削。同时边转动圆盘，直至达到要求的直径为止。取出试件，按要求的高度削平两端。端面要平整，且与侧面垂直，上下均匀。当试件表面因有砾石或其他杂物而成空洞时，允许用土填补。

（2）试件直径和高度应与重塑筒直径和高度相同，一般直径为 40 ～ 50mm，高为 100 ～ 120mm。试件高度与直径之比应大于 2，按软土的软硬程度采用 2.0 ～ 2.5。

4. 试验步骤

（1）将切削好的试件立即称量，精确至 0.1g。同时取切削下的余土测定含水率。用卡尺测量其高度及上、中、下各部位直径，按式（3-36）计算其平均直径 D_0：

$$D_0 = \frac{D_1 + 2D_2 + D_3}{4}$$

（2）在试件两端抹一薄层凡士林；如为防止水分蒸发，试件侧面也可抹一层薄凡士林。

（3）将制备好的试件放在应变控制式无侧阻抗压强度仪下加压板上，转动手轮，使其与上加压板刚好接触，调测力计百分表读数为零点。

（4）以轴向应变 1%/min ～ 3%/min 的速度转动手轮（0.06 ～ 0.12mm/min），使试验在 8 ～ 20min 内完成。

（5）应变在 3% 以前，每 0.5% 应变记读百分表读数一次；应变达 3% 以后，每 1% 应变记读百分表读数一次。

（6）当百分表达到峰值或读数达到稳定，再继续剪 3% ～ 5% 应变值即可停止试验。如读数无稳定值，则轴向应变达 20% 时即可停止试验。

（7）试验结束后，迅速反转手轮，取下试件，描述破坏情况。

（8）若需测定灵敏度，则将破坏后的试件去掉表面凡士林，再加少许土，包以塑料布，用手捏搓，破坏其结构，重塑为圆柱形，放入重塑筒内，用金属垫板挤成与筒体积相等的试件，即与重塑前尺寸相等，然后立即重复本试验步骤（3）～（7）进行试验。

5. 试验记录

本试验记录格式见表 3-19。

无侧限抗压强度试验记录

表 3-19

工程名称＿＿＿＿＿＿＿＿＿＿＿　　　　　　试 验 者＿＿＿＿＿＿＿＿＿＿＿

工程编号＿＿＿＿＿＿＿＿＿＿＿　　　　　　计 算 者＿＿＿＿＿＿＿＿＿＿＿

取土深度＿＿＿＿＿＿＿＿＿＿＿　　　　　　校 核 者＿＿＿＿＿＿＿＿＿＿＿

土样说明＿＿＿＿＿＿＿＿＿＿＿　　　　　　试验日期＿＿＿＿＿＿＿＿＿＿＿

试验前试件高度 h_0 =	试验前试件直径 D_0 =	无侧限抗压强度 q_u =
试验试件面积 A_0 =	试件质量 m =	灵敏度 S_t =
试件密度 ρ =	测力计校正系数 C =	试件破坏时情况

测力计百分表读数 R(0.01mm)	下压板上升高度 ΔL (cm)	轴向变形 Δh (cm)	轴向应变 ε_1 (%)	校正后面积 A_a (cm^2)	轴向荷载 P (N)	轴向应力 σ (kPa)	备注
(1)	(2)	(3)	(4)	(5)	(6)	(7)	
		(2)－(1)	$\dfrac{(3)}{h}$	$\dfrac{A_0}{1-(4)}$	(1)×C	$\dfrac{(6)}{(5)}$	

6. 结果整理

（1）按下式计算轴向应变：

$$\varepsilon_1 = \frac{\Delta h}{h_0} \tag{3-53}$$

$$\Delta h = n\Delta L - R \tag{3-54}$$

式中：ε_1——轴向应变值（%）；

　　Δh——轴向变形（cm）；

　　h_0——试件起始高度（cm）；

　　n——手轮转数；

　　ΔL——手轮每转一转，下加压板上升高度（cm）；

　　R——百分表读数（cm）。

（2）按式(3-38)计算试件平均断面积：

$$A_a = \frac{A_0}{1-\varepsilon_1}$$

（3）应变控制式无侧限抗压强度仪上试件所受轴向应力按下式计算：

$$\sigma = \frac{10CR}{A_a} \tag{3-55}$$

式中：σ——轴向压力（kPa）；

　　C——测力计校正系数（N/0.01mm）；

　　R——百分表读数（0.01mm）；

　　A_a——校正后试件的断面积（cm^2）。

（4）以轴向应力为纵坐标，轴向应变为横坐标，绘制应力-应变曲线（图 3-52）。

以最大轴向应力作为无侧限抗压强度。若最大轴向应力不明显，取轴向应变15%处的应力作为该试件的无侧限抗压强度 q_u。

（5）按下式计算灵敏度：

$$S_t = \frac{q_u}{q'_u} \qquad (3\text{-}56)$$

式中：q_u——原状试件的无侧限抗压强度（kPa）；

　　　q'_u——重塑试件的无侧限抗压强度（kPa）。

7. 试验说明

（1）试件的高度与直径应有适当的比值，建议比值为 2 ~ 2.5。关于试件直径大小，建设采用 3.5 ~ 4.0。测定土的灵敏度时，重塑试件应保持同原状试件相同的密度和湿度。

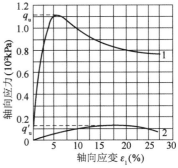

图 3-52　轴向应力与应变的关系曲线
1-原状试样；2-重塑试样

（2）试件受压破坏时，一般有脆性破坏和塑性破坏两种。脆性破坏有明显的破坏面，轴向压力具有峰值，破坏值容易选取。对于塑性破坏的试件，规定选取应变 20% 的抗压强度为破坏值，但试验应进行到应变达 35%。

第四章 土的特殊性质试验

根据《公路土工试验规程》(JTG E40—2007),特殊土包括黄土、膨胀土、红黏土、盐渍土以及冻土,这些特殊土均有其特殊性质。

黄土具有湿陷性,在上覆土层自重应力作用下,或者在自重应力和附加应力共同作用下,因浸水后土的结构破坏而发生显著附加变形的土称为湿陷性土,属于特殊土。广泛分布于我国东北、西北、华中和华东部分地区的黄土多具湿陷性(这里所说的黄土泛指黄土和黄土状土。湿陷性黄土又分为自重湿陷性和非自重湿陷性黄土,也有的老黄土不具湿陷性)。

膨胀土是种高塑性黏土,一般承载力较高,具有吸水膨胀、失水收缩和反复胀缩变形、浸水承载力衰减、干缩裂隙发育等特性,性质极不稳定。常使建筑物产生不均匀的竖向或水平的胀缩变形,造成位移、开裂、倾斜甚至破坏,且往往成群出现,尤以低层平房严重,危害性很大。

冻土是指零摄氏度以下,并含有冰的各种岩石和土壤。一般可分为短时冻土(数小时/数日以至半月)、季节冻土(半月至数月)以及多年冻土(又称永久冻土,指的是持续二年或二年以上的冻结不融的土层)。地球上多年冻土、季节冻土和短时冻土区的面积约占陆地面积的50%,其中,多年冻土面积占陆地面积的25%。冻土是一种对温度极为敏感的土体介质,含有丰富的地下冰。因此,冻土具有流变性,其长期强度远低于瞬时强度特征。正由于这些特征,在冻土区修筑工程构筑物就必须面临两大危险:冻胀和融沉。随着气候变暖,冻土在不断退化。

第一节 黄土湿陷试验

一、相对下沉系数试验

1. 目的和适用范围

本试验的目的是测定黄土(黄土类土)的大孔隙比和相对下沉系数。

2. 仪器设备

(1)固结仪:见图 4-1,试样面积 30cm² 和 50cm²,高 2cm。

(2)环刀:直径为 61.8mm 和 79.8mm,高度为 20mm。环刀应具有一定的刚度,内壁应保持较高的光洁度,宜涂一薄层硅脂或聚四氟乙烯。

(3)透水石:由氧化铝或不受土腐蚀的金属材料组成,其透水系数应大于试样的渗透系数。用固定式容器时,顶部透水石直径小于环刀内径 0.2~0.5mm;当用浮环式容器时,上下部透水石直径相等。

(4)变形量测设备:量程 10mm,最小分度为 0.01mm 的百分表或零级位移传感器。

(5)其他:天平、秒表、烘箱、钢丝锯、刮土刀、铝盒等。

3. 试样

为判定黄土(黄土类土)的下沉性质,应切取三个原状土样。切土时应使土样受荷方向与天然土层受荷方向一致,并记录和描述土样的层次、颜色和有无杂质等。各试样间的密度差值不得大于 0.03g/cm³,并测定试样含水率。

4. 试验步骤

(1) 单线法

①切取 5 个环刀试样,分别将切好的原状土样的环刀外壁涂一薄层凡士林,然后将刀口向下放入护环内。

②将底盘放入容器内,底盘上放透水石和滤纸,借助提环螺栓将护环放入容器中,土样上面覆以滤纸和透水石,然后放下加压导环和传压活塞,使各部密切接触,保持平衡。

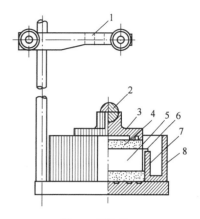

图 4-1 固结仪

1-量表架;2-钢珠;3-加压上盖;4-透水石;
5-试样;6-环刀;7-护环;8-水槽

③将加压容器置于加压框架正中,密合传压活塞及横梁,预加 1.0kPa 的压力,使固结仪各部密切接触,装好百分表,并调整读数至零。

④对 5 个试样均在天然湿度下分级加压,分别加至不同的规定压力,按下述进行试验,直至试样湿陷变形稳定为止。

a. 去掉预加荷载,立即加上第一级荷载 50kPa,在加上砝码的同时开动秒表,按下述时间记百分表读数:10min、20min、30min,以后每 1h 读数一次,直至达到稳定沉降为止。然后加第二级荷载。沉降稳定的标准是每小时变形量不超过 0.01mm。

b. 第二级荷载为 100kPa,以后顺次为 150kPa、200kPa、400kPa,加压间隔为 50kPa。荷载加上后,按上述步骤 a 规定的时间记录百分表读数至沉降稳定为止。

c. 5 个试样分别在最后一级压力下,达到沉降稳定,稳定标准为每小时变形不大于 0.01mm。而后自试样顶面加水,按上述步骤 a 规定的时间间隔记录百分表读数至再度达沉降稳定。稳定标准为每 3d 变形不大于 0.01mm。

⑤记读最后一级荷载下达到假定沉降后的百分表读数。拆除仪器,取下试样,测定其含水率和干密度。

⑥ 如须测定大孔隙比与压力的关系,用从同一块土切取的另外两个性质相同土样,测定其密度和含水率。并按上述步骤安装仪器并进行试验。但第一个试样在整个过程中应保持其天然含水率。为此,需用湿棉花覆盖在传压活塞周围。第二个试样在 50kPa 压力下达到沉降稳定,稳定标准为每小时变形不大于 0.01mm。而后自试样顶面加水,直至试样分别在各级压力下浸水变形稳定。稳定标准为每 3d 变形不大于 0.01mm。

⑦求实际压力下的大孔隙比及相对下沉系数,可按上述④b 和④c 以及⑤进行试验,求大孔隙比及相对下沉系数的实际最大值。

⑧试验完毕,放掉容器的积水,拆除仪器,取出土样。在试样中心处取土测定其含水率。

(2) 双线法

①切取两个环刀试样,分别将切好的原状土样的环刀外壁涂一薄层凡士林,然后将刀口

向下放入护环内。

②将底盘放入容器内,底盘上放透水石和滤纸,借助提环螺栓将护环放入容器中,土样上面覆以滤纸和透水石,然后放下加压导环和传压活塞,使各部密切接触,保持平衡。

③将加压容器置于加压框架正中,密合传压活塞及横梁,预加 1.0kPa 的压力,使固结仪各部密切接触,装好百分表,并调整读数至零。

④一个试样在天然湿度下按下述分级加压,直至湿陷变形稳定为止。

a. 去掉预加荷载,立即加上第一级荷载 50kPa,在加上砝码的同时开动秒表,按下述时间记录百分表读数:10min、20min、30min,以后每 1h 读数一次,直至达到稳定沉降为止。然后加第二级荷载。沉降稳定的标准是每小时变形量不超过 0.01mm。

b. 第二级荷载为 100kPa,以后顺次为 150kPa、200kPa、400kPa,加压间隔为 50kPa。荷载加上后,按规定的时间记录百分表读数至沉降稳定为止。

c. 试样在最后一级压力下,达到沉降稳定,稳定标准为每小时变形不大于 0.01mm。而后自试样顶面加水,按上述④a 规定的时间间隔记录百分表读数至再度达沉降稳定。稳定标准为每 3d 变形不大于 0.01mm。

⑤另一个试样在天然湿度下施加第一级压力 50kPa,按④a 规定的时间间隔记录百分表读数,直至变形稳定,稳定标准为每小时变形不大于 0.01mm。而后浸水,再分级加压、记录百分表读数,直至试样在各级压力下浸水变形稳定为止。稳定标准为每 3d 变形不大于 0.01mm。

⑥记读最后一级荷载下达到假定沉降后的百分表读数。拆除仪器,取下试样,测定其含水率和干密度。

⑦为求实际压力下的大孔隙比及相对下沉系数,可按上述④b 和④c 以及⑥进行试验,并在加荷至计算压力下浸水,求其在该荷载下的大孔隙比及相对下沉系数,或在不同荷载下进行试验,求大孔隙比及相对下沉系数的实际最大值。

⑧试验完毕,放掉容器的积水,拆除仪器,取出土样。在试样中心处取土测定其含水率。

5. 试验记录

本试验记录格式见表4-1。

黄土湿陷试验记录(相对下沉系数)　　　　　　　　　　表 4-1

工　程　编　号＿＿＿＿＿＿＿＿　　　　试　　验　　者＿＿＿＿＿＿＿＿

取　土　深　度＿＿＿＿＿＿＿＿　　　　计　　算　　者＿＿＿＿＿＿＿＿

土　样　编　号＿＿＿＿＿＿＿＿　　　　校　　核　　者＿＿＿＿＿＿＿＿

土　样　描　述＿＿＿＿＿＿＿＿　　　　试　　验　　日　期＿＿＿＿＿＿＿＿

试　样　原　始　高　度＿＿＿＿＿＿＿＿　　　　试样原始孔隙比＿＿＿＿＿＿＿＿

试样土粒体积高度＿＿＿＿＿＿＿＿

压力 (kPa)	50		100		150		200		200(在浸水下)	
	时间	读数	时间	读数	时间	读数	时间	读数	时间	读数
测值										
总变形量 (mm)										

续上表

压力 (kPa)	50		100		150		200		200（在浸水下）	
	时间	读数	时间	读数	时间	读数	时间	读数	时间	读数
仪器变形量（mm）										
试样变形量（mm）										
试样高度 h（mm）										
孔隙比 e										
大孔隙比 e_m										
相对下沉系数 i_m										

6. 结果整理

（1）按下式计算试样的孔隙比：

$$e = \frac{h}{h_s} - 1 \tag{4-1}$$

$$h_s = \frac{h_0}{1 + e_0} \tag{4-2}$$

式中：e——试样的孔隙比，精确至 0.001；

　　　e_0——试验开始时试样的孔隙比；

　　　h_s——试样土粒体积高度，精确至 0.001（mm）；

　　　h——试样高度（mm）；

　　　h_0——试验开始时试样的高度（mm）。

（2）按下式计算大孔隙比（图 4-2）：

$$e_m = e_p - e'_p \tag{4-3}$$

式中：e_m——大孔隙比，精确至 0.001；

　　　e_p——p（kPa）压力时浸水前试样的稳定孔隙比；

　　　e'_p——p（kPa）压力时浸水后试样的稳定孔隙比。

（3）按下列计算相对下沉系数：

$$i_m = \frac{e_m}{1 + e_0} \tag{4-4}$$

式中：i_m——相对下沉系数，精确至 0.01；

　　　e_m——大孔隙比；

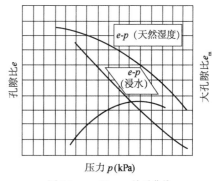

图 4-2　e-p 和 e_m-p 关系曲线

e_0——试验开始时孔隙比。

7. 试验说明

黄土为第四纪沉积物,由于成因的不同,历史条件、地理条件的改变以及区域性自然气候条件的影响,使黄土的外部特性、结构特性、物质成分以及物理、化学、力学特性均不相同。本试验将原生黄土、次生黄土、黄土状土及新近堆积黄土统称为黄土类土。因为它们具有某些共同的变形特性,需要通过压缩试验来测定。

压缩变形与湿陷变形的含义不同。压缩变形是指黄土在载荷作用下含水率不变时的垂直变形。这种变形相当于黄土地基未经处理,当建筑物施工时,含水率变化很小,主要是载荷增加所产生的垂直变形。而湿陷变形是指黄土在自重荷载和浸水共同作用下,由于结构遭破坏产生显著的湿陷变形,这是黄土的重要特性。湿陷系数大于或等于 0.015 时,称为湿陷性黄土;当湿陷系数小于 0.015 时,称非湿陷性黄土。

(1)黄土湿陷性指标的测定,国内外都沿用单线、双线两种方法。单线法比双线法更适用于黄土变形的实际情况。双线法简便、工作量小,但与变形的实际情况不完全符合,故以单线法为标准方法。

(2)为测定黄土的湿陷性指标,一般应切取三个原状土样,一个试样用于测定孔隙比或垂直变形与压力的关系,另两个试样用于测定大孔隙比与压力的关系。

(3)浸水压力和湿陷系数是划分湿陷等级的主要指标,工业与民用建筑物地基的基底压力大多在 200kPa 以下,采用 200kPa 的浸水压力接近实际荷载。因此,以 200kPa 的浸水压力作为评定湿陷系数的标准。

黄土颗粒间的黏性机理与黏土不同,故对黄土的压缩变形和湿陷变形,一般均采用每小时变形量不大于 0.01mm 为稳定标准。

(4)本试验方法采用大孔隙比和相对下沉系数作为黄土湿陷性指标。两者从不同角度表征黄土的湿陷特性。

二、自重湿陷系数试验

1. 目的和适用范围

本试验的目的是测定黄土(黄土类土)的自重湿陷系数。

2. 仪器设备

(1)固结仪:见图 4-1,试样面积 30cm² 和 50cm²,高 2cm。

(2)环刀:直径为 61.8mm 和 79.8mm,高度为 20mm。环刀应具有一定的刚度,内壁应保持较高的光洁度,宜涂一薄层硅脂或聚四氟乙烯。

(3)透水石:由氧化铝或不受土腐蚀的金属材料组成,其透水系数应大于试样的渗透系数。用固定式容器时,顶部透水石直径小于环刀内径 0.2~0.5mm;当用浮环式容器时,上下部透水石直径相等。

(4)变形量测设备:量程 10mm,最小分度为 0.01mm 的百分表或零级位移传感器。

(5)其他:天平、秒表、烘箱、钢丝铝、刮土刀、铝盒等。

3. 试验步骤

(1)原状土试件制备

①按土样上下层次小心开启原状土包装皮,将土样取出放正,整平两端。在环刀内壁涂一薄层凡士林,刀口向下,放在土样上。无特殊要求时,切土方向应与天然土层层面垂直。

②将试验用的切土环刀内壁涂一薄层凡士林,刀口向下,放在试件上,用切土刀将试件削成略大于环刀直径的土柱。然后将环刀垂直向下压,边压边削,至土样伸出环刀上部为止,削平环刀两端,擦净环刀外壁,称环土总质量,精确至0.1g,并测定环刀两端所削下土样的含水率。试件与环刀要密合,否则应重取。

切削过程中,应细心观察并记录试件的层次、气味、颜色,有无杂质,土质是否均匀,有无裂缝等。

如连续切取数个试件,应使含水率不发生变化。

视试件本身及工程要求,决定试件是否进行饱和。如不立即进行试验或饱和时,则将试件暂存于保湿器内。

切取试件后,剩余的原状土样用蜡纸包好置于保湿器内,以备补做试验之用。切削的余土做物理性试验。平行试验或同一组试件密度差值不大于0.1g/cm³,含水率差值不大于2%。

（2）单线法

①切取5个环刀试样,分别将切好的原状土样的环刀外壁涂一薄层凡士林,然后将刀口向下放入护环内。

②将底盘放入容器内,底盘上放透水石和滤纸,借助提环螺栓将护环放入容器中,土样上面覆以滤纸和透水石,然后放下加压导环和传压活塞,使各部分密切接触,保持平衡。

③将加压容器置于加压框架正中,密合传压活塞及横梁,预加1.0kPa的压力,使固结仪各部密切接触,装好百分表,并调整读数至零。

④将土的饱和自重压力大致均分规定为5级压力,分别施加在5个试样上。当施加的压力小于或等于50kPa时,可一次施加;当压力大于50kPa时,应分级施加,每级压力不大于50kPa,每级压力时间不少于15min,如此连续加至规定压力。加压后每隔1h测记一次变形读数,直到每小时试样变形量不超过0.01mm为止。

⑤向容器内注入纯水,水面应高出试样顶面,每隔1h测记一次变形读数,分别测记5个试样浸水变形稳定读数后的百分表读数。直至试样浸水变形稳定为止。稳定标准为每3d变形不大于0.01mm。

⑥拆除仪器,取下试样,测定其含水率和干密度。

（3）双线法

①切取两个环刀试样,分别将切好的原状土样的环刀外壁涂一薄层凡士林,然后将刀口向下放入护环内。

②将底盘放入容器内,底盘上放透水石和滤纸,借助提环螺栓将护环放入容器中,土样上面覆以滤纸和透水石,然后放下加压导环和传压活塞,使各部密切接触,保持平衡。

③将加压容器置于加压框架正中,密合传压活塞及横梁,预加1.0kPa的压力,使固结仪各部密切接触,装好百分表,并调整读数至零。

④在一个试样上施加土的饱和自重压力,当饱和自重压力小于或等于50kPa时,可一次施加;当压力大于50kPa时,应分组施加,每级压力不大于50kPa,每级压力时间不少于

15min,如此连续加至饱和自重压力。加压后每隔1h测记一次变形读数,直到每小时试样变形量不超过0.01mm为止。再在试样顶面加水,每隔1h测记一次变形读数。测记浸水沉降稳定百分表读数。稳定标准为每3d变形不大于0.01mm。

⑤在另一个试样上施加第一个50kPa压力,每隔1h测记一次变形读数,直至试样每小时试样变形量不超过0.01mm为止。再向容器内注入纯水,水面应高出试样顶面,当饱和自重压力小于或等于50kPa时,可一次施加,当压力大于50kPa时,应分级施加,每级压力不大于50kPa,每级压力时间不少于15min,如此连续加至饱和自重压力。加压后每隔1h测记一次变形读数,直到试样浸水变形稳定为止。稳定标准为每3d变形不大于0.01mm。

⑥试验完毕,放掉容器的积水,拆除仪器,取出土样。在试样中心处取土测定其含水率和干密度。

4. 试验记录

本试验记录格式见表4-2。

黄土湿陷试验记录(自重湿陷系数)　　　　　　　　　　表4-2

工程编号＿＿＿＿＿＿＿＿＿　　　　　　　　试验者＿＿＿＿＿＿＿＿＿

试样编号＿＿＿＿＿＿＿＿＿　　　　　　　　计算者＿＿＿＿＿＿＿＿＿

试验日期＿＿＿＿＿＿＿＿＿　　　　　　　　校核者＿＿＿＿＿＿＿＿＿

试样编号＿＿＿＿＿＿＿＿＿				环　刀　号＿＿＿＿＿＿＿＿＿						
仪　器　号＿＿＿＿＿＿＿＿＿				试样初始高度＿＿＿＿＿＿＿＿＿						
饱和自重压力计算								试验测试		
层数	密度 （g/cm³）	含水率	比重	孔隙度 （%）	饱和密度 （g/cm³）	层厚 （m）	土层自重 应力 （kPa）	经过时间 （min）	百分表读数	
									自重压力 （kPa）	浸水 （mm）
	(1)	(2)	(3)	$(4)=1-\dfrac{(1)}{(3)\times[(1)-(2)]}$	$(5)=\dfrac{(1)}{1+(2)}+0.85\times(4)$	(6)	$(7)=9.81\times(6)\times(5)$			

5. 结果整理

自重湿陷系数按下式计算:

$$\delta_{zs}=\frac{h_z-h_z'}{h_0} \tag{4-5}$$

式中:δ_{zs}——自重湿陷系数,精确至0.001;

　　　h_z——在饱和自重压力下,试样变形稳定后的高度(mm);

　　　h_z'——在饱和自重压力下,试样浸水湿陷变形稳定后的高度(mm);

　　　h_0——试样初始高度(mm)。

6. 试验说明

黄土受水浸湿后,在上覆土的自重压力下发生湿陷的称为自重湿陷性黄土,在上覆土的自重压力下不发生湿陷的称为非自重湿陷性黄土。

土的饱和自重压力应分层计算,以工程地质勘察分居为依据,当工程未提供分层资料时,才允许按取样密集成度和试样密度粗略地划分层次。

饱和自重压力大于 50kPa 时,应分级施加,每级压力不大于 50kPa。每级压力时间视变形情况而定;为使试验时有个参考,规定不小于 15min。

三、溶滤变形系数

1. 目的和适用范围

本试验的目的是测定黄土(黄土类土)的湿陷变形系数和溶滤变形系数。

2. 仪器设备

(1)固结仪:见图 4-1,试样面积 30cm² 和 50cm²,高 2cm。

(2)环刀:直径为 61.8mm 和 79.8mm,高度为 20mm。环刀应具有一定的刚度,内壁应保持较高的光洁度,宜涂一薄层硅脂或聚四氟乙烯。

(3)透水石:由氧化铝或不受土腐蚀的金属材料组成,其透水系数应大于试样的渗透系数。用固定式容器时,顶部透水石直径小于环刀内径 0.2 ~ 0.5mm;当用浮环式容器时,上下部透水石直径相等。

(4)变形量测设备:量程 10mm,最小分度为 0.01mm 的百分表或零级位移传感器。

(5)其他:天平、秒表、烘箱、钢丝铝、刮土刀、铝盒等。

3. 试验步骤

(1)原状土试件制备

①按土样上下层次小心开启原状土包装皮,将土样取出放正,整平两端。在环刀内壁涂一薄层凡士林,刀口向下,放在土样上。无特殊要求时,切土方向应与天然土层层面垂直。

②将试验用的切土环刀内壁涂一薄层凡士林,刀口向下,放在试件上,用切土刀将试件削成略大于环刀直径的土柱。然后将环刀垂直向下压,边压边削,至土样伸出环刀上部为止,削平环刀两端,擦净环刀外壁,称环土总质量,精确至 0.1g,并测定环刀两端所削下土样的含水率。试件与环刀要密合,否则应重取。

切削过程中,应细心观察并记录试件的层次、气味、颜色,有无杂质,土质是否均匀,有无裂缝等。

如连续切取数个试件,应使含水率不发生变化。

视试件本身及工程要求,决定试件是否进行饱和。如不立即进行试验或饱和时,则将试件暂存于保湿器内。

切取试件后,剩余的原状土样用蜡纸包好置于保湿器内,以备补做试验之用。切削的余土做物理性试验。平行试验或同一组试件密度差值不大于 0.1g/cm³,含水率差值不大于 2%。

(2)单线法

①切取 5 个环刀试样,分别将切好的原状土样的环刀外壁涂一薄层凡士林,然后将刀口向下放入护环内。

②将底盘放入容器内,底盘上放透水石和滤纸,借助提环螺栓将护环放入容器中,土样上面覆以滤纸和透水石,然后放下加压导环和传压活塞,使各部密切接触,保持平衡。

③将加压容器置于加压框架正中,密合传压活塞及横梁,预加 1.0kPa 的压力,使固结仪

各部密切接触,装好百分表,并调整读数至零。

④对 5 个试样均在天然湿度下分级加压,分别加至不同的规定压力,按下述进行试验,直至试样湿陷变形稳定为止。

a. 去掉预加荷载,立即加上第一级荷载 50kPa,在加上砝码的同时开动秒表,按下述时间记录百分表读数:10min、20min、30min,以后每 1h 读数一次,直至达到稳定沉降为止。然后加第二级荷载。沉降稳定的标准是每小时变形量不超过 0.01mm。

b. 第二级荷载为 100kPa,以后顺次为 150kPa、200kPa、400kPa,加压间隔为 50kPa。荷载加上后,按上述步骤 a 规定的时间记录百分表读数至沉降稳定为止。

c. 5 个试样分别在最后一级压力下,达到沉降稳定后,自试样顶面加水,按规定的时间间隔记录百分表读数至再度达沉降稳定。

⑤继续用水渗透,每隔 2h 测记一次变形读数,24h 后每天测记 1~3 次,直至每 3d(72h)变形不大于 0.01mm 为止。

⑥测记试样溶滤变形稳定的百分表读数。拆除仪器,取下试样,测定其含水率和干密度。

(3)双线法

①切取两个环刀试样,分别将切好的原状土样的环刀外壁涂一薄层凡士林,然后将刀口向下放入护环内。

②将底盘放入容器内,底盘上放透水石和滤纸,借助提环螺栓将护环放入容器中,土样上面覆以滤纸和透水石,然后放下加压导环和传压活塞,使各部密切接触,保持平衡。

③将加压容器置于加压框架正中,密合传压活塞及横梁,预加 1.0kPa 的压力,使固结仪各部密切接触,装好百分表,并调整读数至零。

④一个试样在天然湿度下按下述分级加压,直至湿陷变形稳定为止。

a. 去掉预加荷载,立即加上第一级荷载 50kPa,在加上砝码的同时开动秒表,按下述时间记录百分表读数:10min、20min、30min,以后每 1h 读数一次,直至达到稳定沉降为止。然后加第二级荷载。沉降稳定的标准是每小时变形量不超过 0.01mm。

b. 第二级荷载为 100kPa,以后顺次为 150kPa、200kPa、400kPa,加压间隔为 50kPa。荷载加上后,按上述步骤 a 规定的时间记录百分表读数至沉降稳定为止。

c. 试样在最后一级压力下,达到沉降稳定,稳定标准为每小时变形不大于 0.01mm。而后自试样顶面加水,按上述步骤 a 规定的时间间隔记录百分表读数至再度达沉降稳定。稳定标准为每 3d 变形不大于 0.01mm。

⑤另一个试样在天然湿度下施加第一级压力 50kPa,按下述时间记录百分表读数:10min、20min、30min,以后每 1h 读数一次,待变形稳定后浸水;按 10min、20min、30min,以后每 1h 读数一次,直至第一级压力下湿陷稳定后,再分级加压、记录百分表读数,直至试样在各级压力下浸水变形稳定为止。

⑥继续用水渗透,每隔 2h 测记一次变形读数,24h 后每天测记 1~3 次,直至每 3d(72h)变形不大于 0.01mm 为止。

⑦测记试样溶滤变形稳定的百分表读数。拆除仪器,取下试样,测定其含水率和干密度。

4. 试验记录

本试验记录格式见表 4-3。

黄土湿陷试验记录(溶滤变形系数) 表4-3

工程编号＿＿＿＿＿＿＿　　试样含水率＿＿＿＿＿＿＿　　试验者＿＿＿＿＿＿＿

试样编号＿＿＿＿＿＿＿　　试样密度＿＿＿＿＿＿＿　　计算者＿＿＿＿＿＿＿

仪器编号＿＿＿＿＿＿＿　　土粒比重＿＿＿＿＿＿＿　　校核者＿＿＿＿＿＿＿

试验方法＿＿＿＿＿＿＿　　试样初始高度＿＿＿＿＿＿＿

压力(kPa) / 变形读数(mm)	浸水湿陷		浸水溶滤	
	时间	读数	时间	读数
总变形量				
仪器变形量				
试样变形量				
试样高度				
溶滤变形系数 $\delta_{wt} = \dfrac{h_z - h_s}{h_0}$				

5.结果整理

溶滤变形系数按下式计算:

$$\delta_{wt} = \frac{h_z - h_s}{h_0} \tag{4-6}$$

式中:δ_{wt}——溶滤变形系数,精确至0.001;

h_z——在某级压力下,试样浸水湿陷变形稳定后的高度(mm);

h_s——在某级压力下,长期渗透而引起的溶滤变形稳定后的试样高度(mm);

h_0——试样初始高度(mm)。

6.试验说明

渗透溶滤变形是指黄土在自重荷载及渗透水长期作用下,由于盐类溶滤及土孔隙继续被压密而产生的垂直变形,实际上是湿陷变形的继续,一般很缓慢,在公路湿陷性黄土地基中是常见的。

溶滤变形系数是公路土工建筑物施工和运用阶段所关注的湿陷性指标。一般在实际自重荷载下进行试验,浸水后长期渗透求得溶滤变形。

对于渗透溶滤变形,由于变形特性除粒间应力引起的缓慢塑性变形以外,还取决于长期渗透时盐类溶滤作用,故规定3d的变形量不大于0.01mm。

四、湿陷起始压力试验

1.目的和适用范围

本试验的目的是测定黄土(黄土类土)的湿陷起始压力。

2.仪器设备

(1)固结仪:见图4-1,试样面积30cm² 和50cm²,高2cm。

（2）环刀：直径为 61.8mm 和 79.8mm，高度为 20mm。环刀应具有一定的刚度，内壁应保持较高的光洁度，宜涂一薄层硅脂或聚四氟乙烯。

（3）透水石：由氧化铝或不受土腐蚀的金属材料组成，其透水系数应大于试样的渗透系数。用固定式容器时，顶部透水石直径小于环刀内径 0.2～0.5mm；当用浮环式容器时，上下部透水石直径相等。

（4）变形量测设备：量程 10mm，最小分度为 0.01mm 的百分表或零级位移传感器。

（5）其他：天平、秒表、烘箱、钢丝锯、刮土刀、铝盒等。

3. 试验步骤

（1）原状土试件制备

①按土样上下层次小心开启原状土包装皮，将土样取出放正，整平两端。在环刀内壁涂一薄层凡士林，刀口向下，放在土样上。无特殊要求时，切土方向应与天然土层层面垂直。

②将试验用的切土环刀内壁涂一薄层凡士林，刀口向下，放在试件上，用切土刀将试件削成略大于环刀直径的土柱。然后将环刀垂直向下压，边压边削，至土样伸出环刀上部为止，削平环刀两端，擦净环刀外壁，称环土总质量，精确至 0.1g，并测定环刀两端所削下土样的含水率。试件与环刀要密合，否则应重取。

切削过程中，应细心观察并记录试件的层次、气味、颜色，有无杂质，土质是否均匀，有无裂缝等。

如连续切取数个试件，应使含水率不发生变化。

视试件本身及工程要求，决定试件是否进行饱和。如不立即进行试验或饱和时，则将试件暂存于保湿器内。

切取试件后，剩余的原状土样用蜡纸包好置于保湿器内，以备补做试验之用。切削的余土做物理性试验。平行试验或同一组试件密度差值不大于 0.1g/cm³，含水率差值不大于 2%。

（2）单线法

①切取 5 个环刀试样，分别将切好的原状土样的环刀外壁涂一薄层凡士林，然后将刀口向下放入护环内。

②将底盘放入容器内，底盘上放透水石和滤纸，借助提环螺栓将护环放入容器中，土样上面覆以滤纸和透水石，然后放下加压导环和传压活塞，使各部分密切接触，保持平衡。

③将加压容器置于加压框架正中，密合传压活塞及横梁，预加 1.0kPa 的压力，使固结仪各部密切接触，装好百分表，并调整读数至零。

④将土的饱和自重压力大致均分规定为 5 级压力，分别施加在 5 个试样上。当施加的压力小于或等于 50kPa 时，可一次施加；当压力大于 50kPa 时，应分级施加，每级压力不大于 50kPa，每级压力时间不少于 15min，如此连续加至规定压力。加压后每隔 1h 测记一次变形读数，直到每小时试样变形量不超过 0.01mm 为止。

⑤向容器内注入纯水，水面应高出试样顶面，每隔 1h 测记一次变形读数，分别测记 5 个试样浸水变形稳定读数后的百分表读数。直至试样浸水变形稳定为止。稳定标准为每 3d 变形不大于 0.01mm。

⑥拆除仪器，取下试样，测定其含水率和干密度。

（3）双线法

①切取两个环刀试样,分别将切好的原状土样的环刀外壁涂一薄层凡士林,然后将刀口向下放入护环内。

②将底盘放入容器内,底盘上放透水石和滤纸,借助提环螺栓将护环放入容器中,土样上面覆以滤纸和透水石,然后放下加压导环和传压活塞,使各部密切接触,保持平衡。

③将加压容器置于加压框架正中,密合传压活塞及横梁,预加1.0kPa的压力,使固结仪各部密切接触,装好百分表,并调整读数至零。

④在一个试样上施加土的饱和自重压力,当饱和自重压力小于或等于50kPa时,可一次施加;当压力大于50kPa时,应分组施加,每级压力不大于50kPa,每级压力时间不少于15min,如此连续加至饱和自重压力。加压后每隔1h测记一次变形读数,直到每小时试样变形量不超过0.01mm为止。再自试样顶面加水,每隔1h测记一次变形读数。测记浸水沉降稳定百分表读数。稳定标准为每3d变形不大于0.01mm。

⑤在另一个试样上施加第一个50kPa压力,每隔1h测记一次变形读数,直至试样每小时试样变形量不超过0.01mm为止。再向容器内注入纯水,水面应高出试样顶面,当饱和自重压力小于或等于50kPa时,可一次施加,当压力大于50kPa时,应分级施加,每级压力不大于50kPa,每级压力时间不少于15min,如此连续加至饱和自重压力。加压后每隔1h测记一次变形读数,直到试样浸水变形稳定为止。稳定标准为每3d变形不大于0.01mm。

⑥试验完毕,放掉容器的积水,拆除仪器,取出土样。在试样中心处取土测定其含水率和干密度。

4. 试验记录

本试验记录格式见表4-4。

黄土湿陷试验记录（湿陷起始压力） 表4-4

工程编号＿＿＿＿＿＿＿＿＿＿ 试验者＿＿＿＿＿＿＿＿＿＿

试样编号＿＿＿＿＿＿＿＿＿＿ 计算者＿＿＿＿＿＿＿＿＿＿

试验日期＿＿＿＿＿＿＿＿＿＿ 校核者＿＿＿＿＿＿＿＿＿＿

试样编号： 试样初始高度：	环刀号： （mm）							环刀号： 试样初始高度： （mm）						
经过 时间 （min）	天然状态　　仪器号：							浸水状态　　仪器号：						
	50 (25) （kPa）	100 (50) （kPa）	150 (75) （kPa）	200 (100) （kPa）	250 (150) （kPa）	300 (200) （kPa）	浸水	50 (25) （kPa）	浸水	100 (50) （kPa）	150 (75) （kPa）	200 (100) （kPa）	250 (150) （kPa）	300 (200) （kPa）
	百分表读数（mm）							百分表读数（mm）						
仪器 变形量														
试样 变形量														
湿陷 系数														

5. 结果整理

各级压力下的湿陷系数应按下式计算：

$$\delta_{sp} = \frac{h_{pn} - h_{pw}}{h_0} \tag{4-7}$$

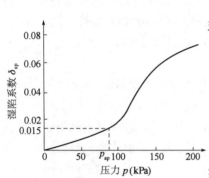

图 4-3 湿陷系数与压力关系曲线

式中：δ_{sp}——各级压力下的湿陷系数，精确至 0.001；

h_{pw}——在各级压力下试样浸水变形稳定后的高度（mm）；

h_{pn}——在各级压力下试样变形稳定后的高度（mm）；

h_0——试验开始时试样的高度（mm）。

以压力为横坐标、湿陷系数为纵坐标，绘制压力与湿陷系数关系曲线，湿陷系数为 0.015 所对应的压力即为湿陷起始压力（图 4-3）。

第二节 土的膨胀性试验

一、自由膨胀率试验

1. 目的和适用范围

（1）自由膨胀率为松散的烘干土粒在水中和空气中分别自由堆积的体积之差与在空气中自由堆积的体积之比，以百分数表示，用以判定无结构力的松散土粒在水中的膨胀特性。

（2）本试验方法适用于膨胀土。

2. 仪器设备

（1）玻璃量筒：容积 50mL，最小刻度 1mL。

（2）量土杯：容积 10mL，内径 20mm，高度 32.8mm。

（3）无颈漏斗：上口直径 50～60mm，下口直径 4～5mm。

（4）搅拌器：由直杆和带孔圆盘构成（图 4-4）。

（5）天平：称量 200g，感量 0.01g。

（6）其他：烘箱、平口刀、支架、干燥器、0.5mm 筛等。

3. 试剂

5% 分析纯氯化钠溶液。

4. 试验步骤

（1）取代表性风干土样碾碎，使其全部通过 0.5mm 筛。混合均匀后，取约 50g 放入盛土盒内，移入烘箱，在 105～110℃ 温度下烘至恒量，取出，放在干燥器内冷却至室温。

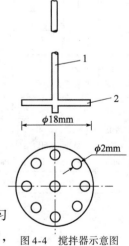

图 4-4 搅拌器示意图
1-直杆；2-圆盘

（2）将无颈漏斗装在支架上，漏斗下口对正量土杯中心，并保持距杯口 10mm 距离，如图 4-5 所示。

（3）从干燥器内取出土样，用匙将土样倒入量土杯中，盛满后沿杯口刮平土面，再将量土杯中土样倒入匙中,将量土杯按图4-5所示仍放在漏斗下口正中处。将匙中土样一次倒入漏斗,用细玻璃棒或铁丝轻轻搅动漏斗中土样,使其全部漏下,然后移开漏斗,用平口刀垂直于杯口轻轻刮去多余土样(严防振动),称记杯中土质量。

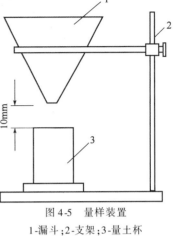

（4）按本试验步骤（3）规定,称取第二个试样,进行平行测定,两次质量差值不得大于0.1g。

（5）将量筒置于试验台上,注入蒸馏水30mL,并加入5mL 5%的分析纯氯化钠溶液,然后将量土杯中的土样倒入量筒内。

（6）用搅拌器搅拌量筒内悬液,搅拌器应上至液面下至底,搅拌10次(时间约10s)取出搅拌器,将搅拌器上附着的土粒冲洗入量筒,并冲洗量筒内壁,使量筒内液面约至50mL刻度处。

图4-5 量样装置
1-漏斗；2-支架；3-量土杯

（7）量筒中土样沉积后约每隔5h,记录一次试样体积,体积估读至0.1mL。读数时要求视线与土面在同一平面上,如土面倾斜,取高低面读数的平均值。当两次读数差值不大于0.2mL时,即认为膨胀稳定。用此稳定读数计算自由膨胀率。

5.试验记录

本试验记录格式见表4-5。

自由膨胀率试验记录　　　　　　　　　表4-5

工 程 名 称＿＿＿＿＿＿＿＿＿　　　　试 验 者＿＿＿＿＿＿＿＿＿

土 样 说 明＿＿＿＿＿＿＿＿＿　　　　计 算 者＿＿＿＿＿＿＿＿＿

量 筒 型 号＿＿＿＿＿＿＿＿＿　　　　校 核 者＿＿＿＿＿＿＿＿＿

量土杯容积＿＿＿＿＿＿＿＿＿　　　　试 验 日 期＿＿＿＿＿＿＿＿＿

土样编号	干土质量(g)	量筒编号	不同时间(h)体积读数(cm³)					自由膨胀率	
			2	4	6	8	10	δ_{ef}(%)	平均值(%)

6.结果整理

按下式计算土样的自由膨胀率:

$$\delta_{ef} = \frac{V - V_0}{V_0} \times 100 \tag{4-8}$$

式中:δ_{ef}——自由膨胀率(%),精确至1%;

V——土样在量筒中膨胀稳定后的体积(mL);

V_0——量土杯容积(mL),即干土自由堆积体积。

7. 精密度和允许差。

本试验应做两次平行测定,取其算术平均值,其平行差值应为:$\delta_{ef} \geqslant 60\%$ 时不大于 80% ;$\delta_{ef} < 60\%$ 时不大于 5% 。

8. 试验说明

(1)自由膨胀率是反映土膨胀性的指标之一,它与土的黏土矿物成分、胶粒含量、化学成分和水溶液性质等有着密切的关系。本试验的目的在于测定黏质土在无结构力影响下的膨胀潜势,初步评定黏质土的胀缩性。自由膨胀率与液限试验相配合,对判别膨胀土可得到满意的结果。自由膨胀率试验具有方法简单易行、便于室内大量试验、出成果较快等优点。

(2)无颈漏斗是自由膨胀率试验中的主要设备,与支架和量土杯配成量样装置。比较试验表明,用 100mL 比用 50mL 测得的结果系统性地偏大,说明量筒容积大的水量多、土柱矮、压力小,土粒浸水膨胀的效果好。本试验从精度着眼,规定用 50mL 量筒,但考虑到上述优点,也允许采用 100mL 量筒。

(3)黏土颗粒在悬液中有时有长期混浊的现象,为了加速试验,可采用加凝聚剂的办法,本试验规定加入 5% 氯化钠溶液 5mL。

(4)土样制备是至关重要的。首先是土样过筛的孔径大小问题。用不同孔径过筛的试样进行比较试验,其结果是过筛孔径越小,10mL 容积的土越轻,自由膨胀率越小。本规程规定过 0.5mm 筛孔作为标准。各种分散程度也会引起黏粒含量的很大差异。因此,为了取得相对稳定的试验条件,规定采用过筛、四分法取样,并要求充分分散。规程规定用标准烘干法(105~110℃)制备土样。

因试样是用体积法量取,紧密或松散会影响自由膨胀率的大小。为消除这个影响因素,规定采用漏斗和支架、固定落距、一次倒入的方法,并将量土杯内径统一规定为 20mm,高度略大于内径,使在装土、刮平时避免或减轻自重和振动的影响。搅拌的目的是使悬液中土粒分散,充分吸水膨胀。搅拌的方法有量筒反复倒转和上下来回搅拌两种。前者操作困难,工作强度大;后者有随搅拌次数的增加,读数有增大的趋势。本试验规定试样在水中浸泡 24h 后再开始测试。

(5)本规程按自由膨胀率大小规定了不同的精度要求。自由膨胀率大者,平行差值取高限;自由膨胀率小者,平行差值取低限。

二、无荷载膨胀率试验

1. 适用范围

(1)本试验用于测定试样在无荷载有侧限条件下,浸水后在高度方向上的单向膨胀与原高度的比值,这一比值称膨胀率,以百分数表示。

(2)本试验方法适用于测定原状土和击实土样的无荷载膨胀率,供评价黏质土膨胀势能时参考。

2. 仪器设备

(1)膨胀仪:见图 4-6、图 4-7,其环刀内径 58mm,高 35mm,顶土块高 15mm。

(2)固结仪。

（3）百分表：量程 10mm，分度值 0.01mm。

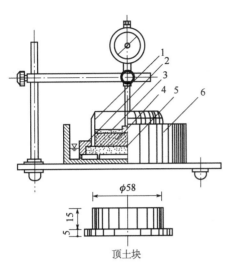

图 4-6 膨胀仪（尺寸单位：mm）

1-环刀；2-底座；3-有孔活塞板；4-土样；5 透水
石；6-水盆

图 4-7 膨胀仪

（4）天平：称量 200g，感量 0.01g。

（5）其他：烘箱、干燥器、磁钵（附橡皮研杵）、修土刀、秒表、表面皿等。

3. 试验步骤

（1）按工程需要取原状土或制备成所需状态的扰动土样，整平其两端；在环刀内壁涂一薄层凡士林，刃口向下，放在土样上。用修土刀将土样修成略大于环刀直径的土柱，将环刀垂直下压，边压边修，直至土样进入环刀内的厚度超过 1cm 时为止。

（2）齐环刀刃口将土样修平，用顶土块从刃口端顶入，齐环刀钝口将顶出的余土修去，制成厚度宜为 20mm 的试样，取出顶土块，擦净环刀外壁，称环、土总质量，精确至 0.01g。

（3）在底座中置湿润的透水石 1 块，将环刀钝口端旋在底座上，使试样底面与透水石顶面接触，然后一并放到水盆中。

（4）将有孔活塞板放在试样顶面上，对准活塞中心，将百分表装好，并记录百分表读数。

（5）注纯水入盆，盆内水面须经常保持约与试样底面高度齐平。

（6）记下开始注水时间，按 5min、10min、20min、30min、1h、2h、3h、24h 及以后第 24h 测记百分表读数，直至试样不再膨胀为止。

（7）移去百分表，将试样从环刀内推出，放入表面皿中，称皿土总质量，精确至 0.01g。

（8）将试样入烘箱，烘至恒量。取出，放在干燥器内，等冷却后称量，精确至 0.01g。

4. 试验记录

本试验记录格式见表 4-6。

无荷载膨胀试验记录 表4-6

工程名称＿＿＿＿＿＿＿＿＿＿ 试 验 者＿＿＿＿＿＿＿＿＿＿

土样编号＿＿＿＿＿＿＿＿＿＿ 计 算 者＿＿＿＿＿＿＿＿＿＿

土样说明＿＿＿＿＿＿＿＿＿＿ 校 核 者＿＿＿＿＿＿＿＿＿＿

土样体积＿＿＿＿＿＿＿＿＿＿ 试验日期＿＿＿＿＿＿＿＿＿＿

膨胀含水率测定			
环刀编号			
环刀＋湿土质量(g)	(1)		
环刀＋干土质量(g)	(2)		
环刀质量(g)	(3)		
湿土质量(g)	(4)	(1)－(3)	
干土质量(g)	(5)	(2)－(3)	
水的质量(g)	(6)		
含水率(%)	(7)	$\frac{(6)}{(5)} \times 100$	
土体积(cm³)	(8)	$V_{\mathrm{I}}(1+V_{\mathrm{H}})$	
密度(g/cm³)	(9)	$\frac{(4)}{(8)}$	
干密度(g/cm³)	(10)	$\frac{(5)}{(8)}$	
土粒比重	(11)		
孔隙比	(12)	$\frac{(11)}{(10)}-1$	

无荷载膨胀率测定							
测定时间			经过时间			百分表读数	膨胀率
d	h	min	d	h	min	R(mm)	δ_{e}(%)

5.结果整理

(1)按下式计算任一时间的无荷载膨胀率：

$$\delta_{\mathrm{e}} = \frac{\Delta H}{H_0} \times 100 \tag{4-9}$$

$$\Delta H = R_t - R_0 \tag{4-10}$$

式中：δ_{e}——时间 t 时土的无荷载膨胀率(%)，精确至0.1；

ΔH——时间 t 时试样膨胀的增量(mm)；

H_0——试样起始高度(mm)；

R_t——时间 t 时百分表读数(mm);

R_0——试验开始时百分表读数(mm)。

(2)按下式计算试验前的含水率 w_i 及孔隙比 e_0:

$$w_i = \frac{m - m_s}{m_s} \times 100$$

$$e_0 = \frac{\rho_s}{\rho_{d0}} - 1 \tag{4-11}$$

式中:w_i——试验前含水率(%),精确至 0.1;

$\quad e_0$——试验前孔隙比,精确至 0.01;

$\quad m$——试验前湿土质量(g);

$\quad m_s$——干土质量(g);

$\quad \rho_s$——土粒密度(g/cm³),数值上等于土粒比重;

$\quad \rho_{d0}$——试验前试样干密度(g/cm³)。

(3)按下式计算膨胀稳定后的含水率 w_H 及孔隙比 e_H:

$$w_H = \frac{m_H - m_s}{m_s} \times 100 \tag{4-12}$$

$$e_H = \frac{\rho_s}{\rho_{dH}} - 1 \tag{4-13}$$

式中:w_H——膨胀稳定后含水率(%),精确至 0.1;

$\quad e_H$——膨胀稳定后孔隙比,精确至 0.01;

$\quad m_H$——膨胀稳定后湿土质量(g);

$\quad \rho_{dH}$——膨胀稳定后干密度(g/cm³)。

如有需要,可以时间为横坐标,膨胀率为纵坐标,绘制膨胀率与经过时间的关系曲线。

6. 试验说明

(1)无荷载膨胀率试验是测定试样在无荷载有侧限条件下浸水后的单向膨胀率,适用于原状土和击实土试样。

(2)试样尺寸对膨胀率是有影响的。在统一的膨胀稳定标准下,膨胀率随试样高度的增加而减小,随直径的增大而增大。为了在无荷载条件下试验时间不致拖得太长,选用试样高 20mm,直径 58mm;即环刀内径 58mm,高 35mm,扣去顶土块高 15mm,得净高为 20mm。

(3)膨胀率与土的自然状态关系非常密切。起始含水率、干密度都直接影响试验结果。为了防止透水石的水分影响初始读数,要求透水石先烘干,再埋置在切削试样剩余的碎土中 1h,使其大致具备与试样相同的湿度。

(4)比较试验表明,6h 内变形不超过 0.01mm 时,计算的膨胀率仅相差 0.1%。因此,选用 6h 内变形不超过 0.01mm 作为无荷载膨胀率试验的稳定标准。

三、有荷载膨胀率试验

1. 目的和适用范围

(1)为了模拟覆盖压力或某一特定荷载条件,可按实际荷载大小做有荷载有侧限的膨胀率试验,或做不同荷载下的膨胀率试验。

(2)本试验方法适用于测定原状土或击实黏质土在特定荷载下的膨胀率,或测定荷载与膨胀的关系曲线。

2.仪器设备

(1)主要仪器为固结仪。

①膨胀仪:其环刀内径 58mm、高 35mm,顶土块高 15mm。

②固结仪:备一个等直径的环刀接环,接高 10mm。

③百分表:量程 10mm,分度值 0.01mm。

④天平:称量 200g,感量 0.01g。

⑤其他:烘箱、干燥器、磁钵(附橡皮研杵)、修土刀、秒表、表面皿等。

(2)试验前,固结仪应在不同压力下进行变形校正。以膨胀仪容器代替压缩容器时也应事先做好联合变形校正,并检查仪器的平衡状况和注水通路。

3.试验步骤

(1)按工程需要取原状土或制备成所需状态的扰动土样,整平其两端;在环刀内壁涂一薄层凡士林,刃口向下,放在土样上。用修土刀将土样修成略大于环刀直径的土柱,将环刀垂直下压,边压边修,直至土样进入环刀内的厚度超过 1cm 时为止。

(2)齐环刀刃口将土样修平,用顶土块从刃口端顶入,齐环刀钝口将顶出的余土修去,制成厚度宜为 20mm 的试样,取出顶土块,擦净环刀外壁,称环刀、土总质量,精确至 0.01g。

(3)试样放入容器后,放上透水石和盖板,安装百分表,施加 1kPa 的压力,使仪器各部分接触。百分表短针对准整数 3 或 4,长针对零,记下初读数。

(4)一次或分级连续施加所要求的荷载。待每小时变形不超过 0.01mm 时,即认为变形稳定,随后向容器注入蒸馏水,并始终保持水面超过土顶面约 5mm,使试样自下而上浸水。

(5)浸水后每隔 2h 测记百分表读数一次,至两次差值不超过 0.01mm 时为止。

(6)放水,解除荷载,取出试样,擦干环壁及其他表面水,称量,烘干,计算膨胀后含水率和孔隙比。

(7)需要时,可在膨胀稳定后,按砝码的具体情况,分 3 ~ 4 个等级,逐次退荷到零,并测定各级荷载下的膨胀稳定值。

4.试验记录

本试验记录格式见表4-7。

有荷载膨胀试验记录 表 4-7

工程编号＿＿＿＿＿＿＿＿＿　　　　试 验 者＿＿＿＿＿＿＿＿＿

土样编号＿＿＿＿＿＿＿＿＿　　　　计 算 者＿＿＿＿＿＿＿＿＿

土样说明＿＿＿＿＿＿＿＿＿　　　　校 核 者＿＿＿＿＿＿＿＿＿

土样体积＿＿＿＿＿＿＿＿＿　　　　试验日期＿＿＿＿＿＿＿＿＿

膨胀含水率测定			
环刀编号			
环刀 + 湿土质量(g)	(1)		
环刀 + 干土质量(g)	(2)		

续上表

膨胀含水率测定			
环刀编号			
环刀质量(g)	(3)		
湿土质量(g)	(4)	(1)-(3)	
干土质量(g)	(5)	(2)-(3)	
水的质量(g)	(6)		
含水率(%)	(7)	$\dfrac{(6)}{(5)} \times 100$	
土体积(cm³)	(8)	$V_1(1+V_H)$	
密度(g/cm³)	(9)	$\dfrac{(4)}{(8)}$	
干密度(g/cm³)	(10)	$\dfrac{(5)}{(8)}$	
土粒比重	(11)		
孔隙比	(12)	$\dfrac{(11)}{(10)} - 1$	

有荷载膨胀率测定					
测定时间			经过时间		百分表读数	膨胀率
d	h	min	d	h	min	R(mm)	δ_e(%)

5. 结果整理

按下式计算有荷载膨胀率:

$$\delta_{ep} = \frac{R_t + R_p - R_0}{H_0} \times 100 \qquad (4-14)$$

式中:δ_{ep}——荷载 p (kPa)作用下的膨胀率(%),精确至0.1;

H_0——试样的初始高度(mm);

R_t——荷载 P 作用下膨胀稳定后的百分表读数(mm);

R_p——荷载 P 作用下仪器的压缩变形量(mm);

R_0——试样加荷前百分表读数(mm)。

6. 精密度和允许差

本试验应做两次平行测定,取其算术平均值,其平行差值应为:$\delta_{ep} \geq 10\%$ 时不大于1%;$\delta_{ep} < 10\%$ 时不大于0.5%。

7. 试验说明

(1)有荷载膨胀率试验是在有侧限条件下,按实际荷载大小测定原状土或击实黏质土的膨胀率。

（2）本试验涉及加荷问题，所以瓦氏膨胀仪已完全不适用。目前应用比较普遍的仍是固结仪。仪器在压力下的变形会影响试验结果，应予校正。

（3）为了保持试样始终浸在水中，要求注入至土样顶面以上5mm。为了方便排气，采取逐步加水。装百分表时，要考虑试验时可能发生沉降和胀升两种情况。

一次连续加荷是指将总荷载分成几级，一次连续加完。具体做法是如总荷载大于150kPa时，每级可定为5kPa；小于150kPa时，每级可定为2.5~4kPa。同一种试样，荷载越大，稳定越快；无荷载时，膨胀稳定最慢。对不同试样，则反映出膨胀率越大，稳定越慢，历时越长。因此，本试验规定2h的读数差不超过0.01mm，作为稳定标准是可行的，但要防止因试样含水率较高或荷载过大产生的假稳定。因此，规程规定应测定试样试验前、试验后的含水率，计算孔隙比，根据计算的饱和度，推算试样是否已充分吸水膨胀。

四、膨胀力试验

1. 目的和适用范围

（1）膨胀力是土体在吸水膨胀时所产生的内应力。本试验用于测定试样在体积不变时由于膨胀所产生的最大内应力。

（2）本试验方法适用于原状土和击实土试样，采用加荷平衡法。

2. 仪器设备

（1）单轴固结仪：如图4-1所示，试样面积30cm²和50cm²，高2cm。附杠杆式加压设备。为了加荷方便准确，宜用铁砂和盛砂桶代替砝码和吊盘。

（2）环刀：直径为61.8mm和79.8mm，高度为20mm。环刀应具有一定的刚度，内壁应保持较高的光洁度，宜涂一薄层硅脂或聚四氟乙烯。

（3）透水石：由氧化铝或不受土腐蚀的金属材料组成，其透水系数应大于试样的渗透系数。用固定式容器时，顶部透水石直径小于环刀内径0.2~0.5mm；当用浮环式容器时，上下部透水石直径相等。

（4）变形量测设备：量程10mm，最小分度为0.01mm的百分表或零级位移传感器。

（5）其他：天平、秒表、烘箱、钢丝锯、刮土刀、铝盒等。

3. 试验步骤

（1）制样。

①根据工程需要切取原状土样或制备所需湿度密度的扰动土样。切取原状土样时，应使试样在试验时的受压情况与天然土层受荷方向一致。

②用钢丝锯将土样修成略大于环刀直径的土柱。然后用手轻轻将环刀垂直下压，边压边修，直至环刀装满土样为止。再用刮刀修平两端，同时注意刮平试样时，不得用刮刀往复涂抹土面。在切削过程中，应细心观察试样并记录其层次、颜色和有无杂质等。

③擦净环刀外壁，称环刀与土总质量，精确至0.1g，并取环刀两面修下的土样测定含水率。试样需要饱和时，应进行抽气饱和。

（2）装样。

①在切好土样的环刀外壁涂一薄层凡士林然后将刀口向下放入护环内。

②将底板放入容器内,底板上放透水石、滤纸,借助提环螺栓将土样环刀及护环放入容器中,土样上面覆滤纸、透水石,然后放下加压导环和传压活塞,使各部密切接触,调整杠杆平衡系统,使之水平,保持平稳。

(3)施加1kPa的预压力,使试样与仪器各部分接触。安好百分表,调节指针位置,记下初读数。随后自下而上地向容器注入蒸馏水,并始终保持水面足够低,而不致使试样受到太大的上浮力。

(4)当百分表指针顺时针转动时,说明土体开始膨胀,立即往盛砂筒加适量铁砂,使百分表指针仍回到初读数。加铁砂要避免冲击力。

(5)及时称余砂重(铁砂总重 – 余砂重 = 平衡荷重)。当平衡荷重足以产生仪器变形时,在加下—级平衡荷重时,百分表指针应反方向转动以扣除与该级平衡荷重相应的仪器变形量。

(6)当测试时间过长需要中断试验时,可用杠杆上下的固定螺旋或磅秤上的制动栓在维持百分表指针不变的条件下,将其固定,以保证中断期间试样不发生膨胀变形。

(7)维持某级平衡荷重达2h或更长而得到恒定试样高度时,则试样在该级平衡荷重下达到稳定。

(8)试验结束后,吸去容器内水,卸除荷重,取出试样,称试样质量,并测定含水率。

4. 试验记录

本试验记录格式见表4-8。

膨胀力试验记录　　　　　　　　　　　　　　表4-8

工程名称_____　　　试 验 者_____

土样编号_____　　　计 算 者_____

仪器编号_____　　　校 核 者_____

土样说明_____　　　试验日期_____

日期 (d:h:min)	荷重(铁砂总重50N)			仪器变形量 (mm)	试验前后状态
	余砂量(N)	平衡荷重(N)	压力(kPa)		
					试样面积
					环 + 湿土质量
					环 + 试验后湿土质量
					环 + 干土质量
					环的质量
					起始含水率
					试验后含水率
					干密度
					比重
					孔隙比
膨胀力(kPa)		杠杆比			

5. 试验结果整理

膨胀力按下式计算:

$$P_e = \frac{W \times m}{A} \tag{4-15}$$

式中:P_e——膨胀力(kPa),精确至0.1;

W——总平衡荷重(N);

A——试样面积(cm^2);

m——加压设备的杠杆比。

6. 精密度和允许差。

本试验应做两次平行测定,取其算术平均值,其平行差值应为:$P_e \geqslant 30kPa$ 时不大于 5kPa;$P_e < 30kPa$ 时不大于 2kPa。

7. 试验说明

黄土在荷重作用下,受水浸湿后开始出现湿陷的压力,称为湿陷起始压力。黄土湿陷试验对地基来说,主要是测定自重湿陷系数、起始压力和规定压力下的湿陷系数,而对填土建筑物来说,主要是测定施工和运营阶段相应的湿陷性指标,包括本试验的所有内容。

第三节 冻 土 试 验

一、冻土冻结温度试验

1. 目的和适用范围

本试验的目的是用量热法测定土体的冻结温度。本试验方法适用于原状和扰动的黏质土和砂质土。

2. 仪器设备

(1)仪器设备包括零温瓶、低温瓶、测温设备及试样杯等,如图4-8所示。

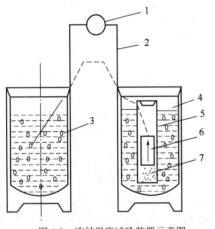

①零温瓶:容积为 3.57L,内盛冰水混合物(其温度应为0℃±0.1℃)。

②低温瓶:容积为 3.57L,内盛低融冰晶混合物,其温度宜为 -7.6℃。

③测温设备:由热电偶和数字电压表组成。热电偶宜用 0.2mm 的铜和康铜线材制成。数字电压表:量程2mV,分度值为 $1\mu V$。

④试样杯:用黄铜制成,直径 3.5cm,高 5cm,带有杯盖。

(2)其他:用于配制低融冰晶混合物的氯化钠、氯化钙,硬质聚氯乙烯管(直径 5cm,长 25cm),切土刀等。

3. 试验步骤

(1)原状土试验

图4-8 冻结温度试验装置示意图
1-数字电压表;2-热电偶;3-零温瓶;4-低温瓶;
5-塑料管;6-试样杯;7-干砂

① 土样应按自然沉积方向放置。剥去蜡封和胶带,开启土样筒取出土样。

②试样杯内壁涂一薄层凡士林,杯口向下放在土样上。将试样杯垂直下压,并用切土刀沿杯外壁切削土样。边压边削至土样达到试样杯高度,用钢丝锯整平杯口,擦净外壁,盖上杯盖,并取余土测定含水率。

③将热电偶的测温端插入试样中心,杯盖周侧用硝基漆密封。

④零温瓶内装入用纯水制成的冰块,冰块直径应小于2cm,再倒入纯水,使水面与冰块

面相平,然后插入热电偶零温端。

⑤低温瓶内装入用浓度 2mol/L 氯化钠等溶液制成的盐冰块,其直径应小于 2cm,再倒入相同浓度的氯化物溶液,使之与冰块面相平。

⑥将封好底且内装 5cm 高干砂的塑料管插入低温瓶内,再把试样杯放入塑料管内。然后,塑料管口和低温瓶口分别用橡皮塞和瓶盖密封。

⑦将热电偶测定端与数字电压表相连,每分钟测量一次热电势,当电势值突然减少并连续 3 次稳定在某一数值(相应的温度即为冻结温度),试验结束。

(2)扰动冻土试验

①称取风干土样,平铺于搪瓷盘内,按所需的加水量将纯水均匀喷洒在土样上,充分拌匀后装入盛土器内盖紧,润湿 24h(砂质土的润湿时间可酌减)。

②将制好的土样装入试样杯中,以装实装满为止。杯口加盖。将热电偶测温端插入试样中心。杯盖周侧用硝基漆密封。

③按(1)原状土试验的步骤④~⑦进行试验。

4. 试验记录

本试验记录格式见表 4-9。

冻结温度试验记录表   表 4-9

工程名称_____   试验者_____
钻孔编号_____   计算者_____
试验日期_____   校核者_____

热电偶编号:	热电偶系数 K			
	历时(min)	电压表示值(μV)	实际温度(℃)	
序号	(1)	(2)	(3)	备注
	—	—	(2)/K	

5. 结果整理

(1)按下式计算冻结温度:

$$T = \frac{V}{K}$$ (4-16)

式中:T——冻结温度(℃),精确至 0.1;

V——热电势跳跃后的电压稳定值(μV);

K——热电偶的标定系数(℃/μV)。

(2)绘制温度和时间过程曲线,如图 4-9 所示。

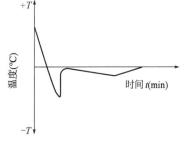

图 4-9 土的冻结过程曲线

6. 试验说明

(1)土的冻结是以土中孔隙水结晶为表征。冰结温度是判别土是否处于冻结状态的指标。纯水的结冰温度为 0℃,土中水分由于受到土颗粒表面能的束缚且含有化学物质,其冻结温度均低于 0℃。土的冻结温度主要取决于土颗粒的分散度、土中水的化学成分和外加载荷。

（2）本试验采用热电偶测温法，因此需要零温瓶和低温瓶。若采用贝克曼温度计（分辨度为 0.05℃、量程为 –10 ~ +20℃）测温，则可省略温瓶、数字表和热电偶。

（3）土中的液态水变成固态的冰这一结晶过程大致要经历三个阶段：先形成很小的分子集团，称为结晶中心或称生长点（germs）；再由这种分子集团生长变成稍大一些团粒，称为晶核（nuclei）；最后由这些小团粒结合或生长，产生冰晶（icecrystal）。从冻结过程的温度曲线上，可以看出：第一阶段，土体开始冷却和过冷，此时土中尚未冻结成冰，其持续时间取决于土中的水量和冷却速度；第二阶段，土中冰晶已形成，由于水结晶而放出大量的潜热，使土体温度剧烈上升；第三阶段，孔隙水结冰阶段，这阶段中土体的稳定温度就是土中水的冻结温度。所以，土中水冻结的时间过程一般须经历过冷、跳跃、恒定及降低阶段，见图4-10。当出现跳跃时，热电势会突然减小，接着稳定在某一数值，此即为开始冻结。因而规程中规定："当电热值突然减小并连续 3 次稳定在某一数值（该稳定温度即为凉结温度），试验结束"。

二、冻土导热系数试验

1. 目的和适用范围

导热系数是表示土体导热能力的指标。本试验的目的是用稳态比较法测定冻土的导热系数。本试验方法适用于扰动的黏质土和砂质土。

2. 仪器设备

试验装置由恒热系统、测温系统和试样盒组成，见图4-10。

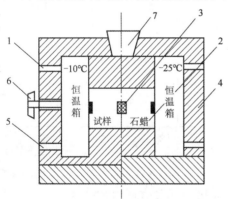

图4-10 导热系数试验装置示意图
1-冷浴循环液出口;2-试样盒;3-热电偶;4-保温材料;5-冷浴循环液进口;6-夹紧螺杆;7-保温盖

（1）恒温系统：由两个尺寸为 $l \times b \times h$ （50cm × 20cm ×50cm)的恒温箱和两台低温循环冷浴组成。恒温箱与试样盒接触面应采用 5mm 厚的平整铜板。两个恒温箱分别提供两个不同的负温环境（ –10℃ 和 –25℃）。恒温准确度应为 ±0.1℃。

（2）测温系统：由热电偶、零温瓶和量程为 2mV、分度值 1μV 的数字电压表组成。

（3）试样盒：两只，其外形尺寸均为 $l \times b \times h$ （25cm ×25cm ×25cm），盒的两侧为厚 5mm 的平整铜板。试样盒的另两侧、底面和上端盒盖应采用尺寸为 25cm×25cm、厚 3mm 的胶木板。

3. 试验步骤

（1）将风干试样平铺在搪瓷盘内，按所需的含水率和土样制备要求制备土样。

（2）将制备好的土样按要求的密度装入一个试样盒，装实装满后加盒盖。装土时，将两支热电偶的测温端放置在试样两侧铜板内壁的中心位置。

（3）另一个试样盒装入石蜡，作为标准试样。装石蜡时，按要求安放两支热电偶。

（4）将分别装好石蜡和试样的两个试样盒按图4-10 的方式安装好，驱动夹紧螺杆使试样盒和恒温箱的各钢板面紧密接触。

（5）接通测温系统。

（6）开动两个低温循环冷浴,分别设定冷浴循环液温度为 −10℃ 和 −25℃。

（7）冷浴循环液达到要求温度后再运行 8h,开始测温。每隔 10min 测定一次标准试样和冻土试样两侧壁面的温度,并记录。当各点的温度连续 3 次测得的差值小于 0.1℃ 时,试验结束。

（8）取出冻土试样,测定其含水率和密度。

4.试验记录

本试验记录格式见表 4-10。

冻土导热系数试验记录表　　　　　　　　　　表 4-10

工程名称＿＿＿＿＿＿＿＿　　　　试验者＿＿＿＿＿＿＿＿　　　　校核者＿＿＿＿＿＿＿＿

钻孔编号＿＿＿＿＿＿＿＿　　　　计算者＿＿＿＿＿＿＿＿　　　　试验日期＿＿＿＿＿＿＿＿

试样含水率 w =		石蜡导热系数 λ_0 =		试样密度 ρ =	
序号	时间(min)	石蜡样温差(℃)	试样温差(℃)	导热系数 $[\mathrm{W/(m \cdot K)}]$	备注
	(1)	(2)	(3)	(4)	
				$\lambda_0(2)/(3)$	

5.结果整理

按下式计算导热系数:

$$\lambda = \frac{\lambda_0 \Delta \theta_0}{\Delta \theta} \tag{4-17}$$

式中:λ——冻土导热系数 $[\mathrm{W/(m \cdot K)}]$,精确至 0.001;

λ_0——石蜡的导热系数,0.279 $\mathrm{W/(m \cdot K)}$;

$\Delta \theta_0$——石蜡样品盒内两壁面温差(℃);

$\Delta \theta$——待测试样盒两壁面温差(℃)。

6.试验说明

（1）冻土导热系数是在单位厚土层,其层面温度相差 1℃ 时,单位时间内在单位面积上通过的热量,它表示土体导热能力的指标。其表达式为:

$$\lambda = q \cdot \frac{\Delta h}{\Delta t} \tag{4-18}$$

式中:λ——冻土导热系数 $[\mathrm{W/(m \cdot K)}]$;

q——单位时间通过单位面积的热量 $[\mathrm{J/(m^2 \cdot s)}]$;

Δh——土层厚度(m);

Δt——层面温差(℃)。

导热系数用于上存土体冻融深度、热量周转、温度场计算以及冻土地区建筑工程有关的热工计算中。因此,在土的热物理指标中占有相当重要的位置。

导热系数的测定方法分两大类:稳定态法和非稳定态法。稳定态法测定时间较长,但试验结果的重复性较好;非稳定态法具有快速特点,但结果重复性较差。因此,本试验采用稳定态法。稳定态法中,通常使用热电流计法,但国产热流计的性能欠佳,故采用比较法,采用导热系数稳定的物质作为标准试样。

(2)采用比较法测定冻土导热系数应采用导热系数稳定的物质作为标准试样。一般常用标准砂、石蜡等。标准砂的密度控制不易准确,因而,本规程采用石蜡作为标准试样。

(3)稳态比较法应遵循测点温度不随时间而变化的原则,但实际上很难做到测点温度绝对不变。因此规定连续3次同一测点温差值小于0.1℃则认为已满足方法原理。

三、未冻含水率试验

1.目的和适用范围

未冻含水率是冻土物理力学性质变化的主导因子之一。本试验的目的是测定试样在不同初始含水率状态时的冻结温度,推算未冻含水率。本试验方法适用于黏质土和砂质土。

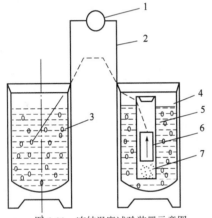

图4-11 冻结温度试验装置示意图

1-数字电压表;2-热电偶;3-零温瓶;4-低温瓶;
5-塑料管;6-试样杯;7-干砂

2.仪器设备

(1)仪器设备包括零温瓶、低温瓶、测温设备及试样杯等,如图4-11所示。

①零温瓶:容积为3.57L,内盛冰水混合物(其温度应为0℃±0.1℃)。

②低温瓶:容积为3.57L,内盛低融冰晶混合物,其温度宜为−7.6℃。

③测温设备:由热电偶和数字电压表组成。热电偶宜用0.2mm的铜和康铜线材制成。数字电压表:量程2mV,分度值为1μV。

④试样杯:用黄铜制成,直径3.5cm,高5cm,带有杯盖。

(2)其他:用于配制低融冰晶混合物的氯化钠、氯化钙,硬质聚氯乙烯管(直径5cm,长25cm),切土刀等。

3.试验步骤

(1)称取风干土样,平铺于搪瓷盘内,按所需的加水量将纯水均匀喷洒在土样上,充分拌匀后装入盛土器内盖紧,润湿24h(砂质土的润湿时间可酌减)。按上述方法制备3个试样。其中1个试样按所需的加水量加纯水制备;另两个试样的加水量宜使试样处于液限和塑限状态作为初始含水率。

(2)将制好的土样装入试样杯中,以装实装满为止。杯口加盖。将热电偶测温端插入试样中心。杯盖瓶周侧用硝基漆密封。

(3)零温瓶内装入用纯水制成的冰块,冰块直径应小于2cm,再倒入纯水,使水面与冰块面相平,然后插入热电偶零温端。

(4)低温瓶内装入用浓度2mol/L氯化钠等溶液制成的盐冰块,其直径应小于2cm,再倒入相同浓度的氯化物溶液,使之与冰块面相平。

（5）将封好底且内装5cm高干砂的塑料管插入低温瓶内,再把试样杯放入塑料管。

（6）将热电偶测定端与数字电压表相连,每分钟测量一次热电势,当电势值突然减少并连续3次稳定在某一数值(相应的温度即为冻结温度),试验结束。

4.试验记录

本试验记录格式见表4-11。

未冻含水率试验记录表　　　　　　　　　　　表4-11

工程名称＿＿＿＿＿＿＿＿＿＿　　　　　试验者＿＿＿＿＿＿＿＿＿＿

钻孔编号＿＿＿＿＿＿＿＿＿＿　　　　　计算者＿＿＿＿＿＿＿＿＿＿

试验日期＿＿＿＿＿＿＿＿＿＿　　　　　校核者＿＿＿＿＿＿＿＿＿＿

序号	历时	电压表示值	实际温度	B	A	未冻含水率
	(1)	(2)	(3)	(4)	(5)	(6)
			(2)/K			
冻结温度 (冰点)绝对值						
液限试样的冻结 温度绝对值						
塑限试样的冻结 温度绝对值						

5.结果整理

（1）按下列三式计算未冻含水率:

$$w_n = At_f^{-B} \tag{4-19}$$

$$A = w_L t_L^B \tag{4-20}$$

$$B = \frac{\ln w_L - \ln w_p}{\ln t_p - \ln t_L} \tag{4-21}$$

式中:w_n——未冻含水率(%),精确至0.1;

　　　w_L——液限(%);

　　　w_p——塑限(%);

　　　A、B——与土的性质有关的常数;

　　　t_f——冻结温度(冰点)绝对值(℃);

　　　t_L——液限试样的冻结温度绝对值(℃);

　　　t_p——塑限试样的冻结温度绝对值(℃)。

（2）以含水率(w_L、w_p)为纵坐标,冻结温度为横坐标,在双对数纸上绘制关系曲线,如图4-12所示。从曲线上查得需测试样的冻结温度 T_f 相对应的含水率,即为未冻含水率。

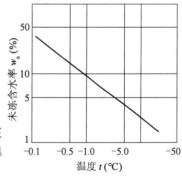

图4-12　未冻含水率与温度的关系

6.精密度和允许差

未冻含水率两次平行试验的差值,在 $-3 \sim 0$℃ 范围内不超过2%;低于 -3℃不超过1%。

7. 试验说明

（1）未冻含水率随初始含水率的变化略有变化。初始含水率过小,会因冰点测定不准而带来较大的误差。因此,不同初始含水率宜在液限和塑限之间。

（2）可以将制备好的三个不同初始含水率的试样,同时放入装试样杯的聚氯乙烯管内,一起进行试验。

四、冻胀率试验

1. 目的和适用范围

本试验的目的是测定土冻结过程的冻胀率,从而计算表征土冻胀性的冻胀率。本试验方法适用于原状的及扰动的黏质土和砂质土。

2. 仪器设备

试验装置由试样盒、恒温箱和温控系统、温度监测系统、变形量测系统、补水系统及加压系统组成。

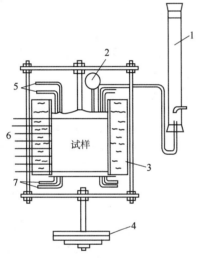

图 4-13 试样盒结构示意图
1-供水装置;2-百分表;3-保温材料;4-加压装置;5-正温循环液进出口;6-热敏电阻测温点;7-负温循环液进出口

（1）试样盒:由外径 120mm、壁厚为 10mm、高为 100mm 的有机玻璃筒作为侧壁,沿高度每隔 10mm 设热敏电阻温度计插入孔,底板和顶盖结构能提供恒温液循环和外界水源补充通道,如图 4-13 所示。

（2）恒温箱:容积不小于 0.8m³,内设冷液循环管路和加热器(功率为 500W),通过热敏电阻温度计与温度控制仪相连,使试验期间箱温保持在 1℃ ±0.5℃。

（3）温度控制系统:由低温循环浴和温度控制仪组成,提供试验所需的顶、底板温度。

（4）温度监测系统:由热敏电阻温度计、数字电压表组成,监测试验过程中土样、顶板、底板温度和箱温变化。

（5）补水系统:由恒定水位装置(图 4-13)通过塑料管与顶板相连,水位应低于顶板与土样接触面 10mm。

（6）变形监测系统:百分表或位移传感器(量程 30mm、分度值 0.01mm)。

（7）加压系统:由加压框架和砝码组成。

3. 试验步骤

（1）原状土

①土样应按自然沉积方向放置,剥去蜡封和胶带,开启土样筒取出土样。

②用切土器将原状土样削成直径为 100mm、高为 50mm 的试样,称量确定密度并取余土测定初始含水率。

③在有机玻璃试样盒内壁涂上一薄层凡士林,放在底板上并放一张滤纸,然后将试样从顶装入盒内,让其自由滑落在底板上。

④在试样顶面上放一张滤纸,然后放上顶板,并稍稍加力,以使土柱与顶、底板接触

紧密。

⑤将盛有试样的试样盒放入恒温箱内,试样周侧、顶、底板内插入热敏电阻温度计。试样周侧包裹 50mm 厚的泡沫塑料保温。连接顶、底板冷液循环管路及底板补水管路,供水并排除底板内气泡,调节供水装置水位(若考虑无水源补充状态,可切断供水)。安装百分表或位移传感器。

⑥若需模拟原状土天然受力状态,可施加相应的荷载。

⑦开启恒温箱、试样顶、底板冷浴,设定恒温箱冷浴温度为 −15℃,箱内温度为 1℃;顶、底板冷浴,设定冷浴温度为 1℃。

⑧试样恒温 6h,并监测温度和变形。待试样初始温度均匀达到 1℃ 以后,开始试验。

⑨底板温度调节到 −15℃ 并持续 0.5h,让试样迅速从底面冻结,然后将底板温度调节到 −2℃。黏质土以 0.3℃/h,砂质土以 0.2℃/h 速度下降。保持箱温和顶板温度均匀为 1℃,记录初始水位。每隔 1h 记录水位、温度和变形量各 1 次。试验持续 72h。

⑩试验结束后,迅速从试样盒中取出试样,量测试样高度并测定冻结深度。

(2)扰动土

①称取风干土样约 700g,加纯水拌和呈稀泥浆,装入内径为 100mm 的有机玻璃筒内,加压固结,直至达到所需初始含水率要求后,将土样从有机玻璃筒中推出,并将土样高度切削到 50mm。

②在有机玻璃试样盒内壁涂上一薄层凡士林,放在底板上并放一张滤纸,然后将试样从顶装入盒内,让其自由滑落在底板上。

③在试样顶面上放一张滤纸,然后放上顶板,并稍稍加力,以使土柱与顶、底板接触。

④将盛有试样的试样盒放入恒温箱内,试样周侧、顶、底板内插入热敏电阻温度计。试样周例包裹 50mm 厚的泡沫塑料保温。连接顶、底板冷液循环管路及底板补水管路,供水并排除底板内气泡,调节供水装置水位(若考虑无水源补充状态,可切断供水)。安装百分表或位移传感器。

⑤若需模拟原状土天然受力状态,可施加相应的荷载。

⑥开启恒温箱、试样顶、底板冷浴,设定恒温箱冷浴温度为 −15℃,箱内温度为 1℃;顶、底板冷浴,设定冷浴温度为 1℃。

⑦试样恒温 6h,并监测温度和变形。待试样初始温度均匀达到 1℃ 以后,开始试验。

⑧底板温度调节到 −15℃ 并持续 0.5h,让试样迅速从底面冻结,然后将底板温度调节到 −2℃。黏质土以 0.3℃/h,砂质土以 0.2℃/h 速度下降。保持箱温和顶板温度均匀为 1℃,记录初始水位。每隔 1h 记录水位、温度和变形量各 1 次。试验持续72h。

⑨试验结束后,迅速从试样盒中取出试样,量测试样高度并测定冻结深度。

4.试验记录

本试验记录格式见表 4-12。

冻胀率试验记录表　　　　　　　　　　　　　　表 4-12

工程名称＿＿＿＿＿＿＿＿＿＿　　　　　　　　试验者＿＿＿＿＿＿＿＿＿＿

土样编号＿＿＿＿＿＿＿＿＿＿　　　　　　　　计算者＿＿＿＿＿＿＿＿＿＿

试验日期＿＿＿＿＿＿＿＿＿＿　　　　　　　　校核者＿＿＿＿＿＿＿＿＿＿

试样含水率 $w=$		土样结构		试样密度 $\rho=$			g/cm³		
序号	时间(h)	测温数字电压表读数(mV)					变形量(mm)	备注	
		1	2	3	4	5			

5. 结果整理

按下式计算冻胀率:

$$\eta_f = \frac{\Delta h}{H_f} \times 100 \tag{4-22}$$

式中: η_f ——冻胀率(%),精确至 0.01;

　　　　Δh ——试样总冻胀量(mm);

　　　　H_f ——冻结深度(不包括冻胀量)(mm)。

6. 试验说明

(1)土体不均匀冻胀变形是寒区工程大量破坏的重要因素之一。因此,各项工程开展之前,必须对工程所在地区的土体作出冻胀性评价,以便采取相应措施,确保工程构筑物的安全可靠。土体冻胀变形的基本特征值是冻胀率。但由于各地冻结深度等条件不同,其冻胀率值相差很大。为了便于虑较冻胀变形的强弱,因此,采用冻胀率与该冻结土层厚度之比,即冻胀率(用百分数计)作为土体冻胀性的特征值。

土的冻胀性,可通过现场直接观测和室内试验来测定。室内试验不受季节和时间限制,能控制冻结过程上有关条件,便于标准化。但影响土冻胀的因素如土的结构状态、现场冻融情况、地下水变化等条件的模拟和控制比较复杂。

(2)原状冻土和扰动冻土的结构差异较大,为对冻胀性作出正确评价,试验一般应采用原状土进行。若条件不允许,非采用扰动土不可时,应在试验报告中予以说明。本试验方法与目前美国、俄罗斯等国所用方法基本一致。所得数据用于评价该种土的冻胀性略偏大,在工程设计上偏安全。

试样尺寸以往多采用直径和高度均为 15～24cm。国外各国的试样尺寸也不尽相同。本规程考虑到原状土取土设备的尺寸及土体的均匀程度,试样尺寸建议采用直径 10cm,高 5cm。

在水源的补给上,根据不同条件分封闭和敞开系统的两种方法。衔接的多年冻土地区及地下水位较深的季节冻土地区,无外界水源(大气降雨、人工给排水)补给条件的地区,可视为封闭系统;而有水源补给条件的地区,可视为敞开系统,本规程所列方法为敞开系统。若进行封闭系统的试验,可将供水装置关闭。

土体冻胀率是土质、温度和外载条件的函数。当土质已定且不考虑外载时,温度条件就至关重要。其中起主导作用的因素是降温速度。冻胀率与降温速度大致呈抛物线型关系。考虑到自然界地表温度是逐渐下降的,在本规程规定底板温度的调节使黏质土以0.3/h,砂质土以0.2/h的速度下降,是使试验所得冻胀率较大的措施。

另外,也可采用一定冻结速度的冻结方法,即零度等温线下移速度的控制方法。这种方法在室内试验较难控制。

五、冻土融化压缩试验

1. 目的和适用范围

本试验的目的是测定冻土的融沉系数和融化压缩系数,供冻土地基的融化和压缩沉降计算用。本试验方法适用于冻结黏质土和粒径小于2mm的冻结砂质土。

2. 仪器设备

(1)融化压缩仪(图4-14、图4-15):加热传压板应采用导热性能好的金属材料制成。试样环应采用有机玻璃或其他导热性低的非金属材料制成,其尺寸宜为:内径79.8mm,高40.0mm。保温外套可用聚苯乙烯或聚氨酯泡沫塑料。

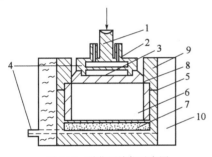

图4-14 融化压缩仪示意图

1-加热传压板;2-热循环水进出口;3-透水板;4-上下排水口;5-试样环;6-试样;7-透水板;8-滤纸;9-导环;10-保温外套

图4-15 冻融压缩试验机

(2)加荷设备:可采用量程为2000kPa的杠杆式、磅秤式和其他相同量程的加荷设备。杠杆平衡后,灵敏度为其最大输出力值的0.02%。当杠杆输出力为最大值的2.5%时,相对误差不超过1%,在2.5%以下时,不考虑。

(3)变形测量设备:量程为10mm,分度值为0.01mm的百力表或位移传感器。

(4)恒温供水设备。

(5)原状冻土取样器:钻具开口内径为79.8mm。

3. 试验步骤

(1)试验宜在负温环境下进行。在切样和装样过程中不得使试样表面发生融化。

(2)用冻土取样器钻取冻土试样,其高度应大于试样环高度。将钻样剩余的冻土取样测定含水率。钻样时必须保持试样的层面与原状土一致,且不得上、下倒置。

(3)将冻土样装入试样环,使之与环壁紧密接触。刮平上、下面,但不得发生融化。测定冻土试样的密度。

（4）在融化压缩容器内先放透水板,其上放一张润湿滤纸。将装有试样的试样环放在滤纸上,套上护环。在试样上放滤纸和透水板,再放上加热传压板。然后装上保温外套。放置融化压缩容器位于加压框架正中。安装百分表或位移传感器。

（5）施加 1kPa 的压力,调平加压杠杆。调整百分表或位移传感器到零位。

（6）用胶管连接加热传压板的热循环水进出口与事先装有温度为 $40 \sim 50 ℃$ 水的恒温水槽,并打开开关和开动恒温器,以保持水温。

（7）试样开始融沉时即开动秒表,分别记录 1min、2min、5min、10min、30min、60min 时的变形量。以后每 2h 观测记录一次,直至变形量在两小时内小于 0.05mm 时为止,并测记最后一次变形量。

（8）融沉稳定后,停止热水循环,并开始加荷进行压缩试验。加荷等级视实际工程需要确定,宜取 50kPa、100kPa、200kPa、400kPa、800kPa,最后一级荷载应比土层的计算压力大 $100 \sim 200$kPa。

（9）施加每级荷载后 24h 为稳定标准,并测记相应的压缩量。直至施加最后一级荷载压缩稳定为止。

（10）试验结束后,迅速拆卸仪器各部件,取出试样,测定含水率。

4. 试验记录

本试验记录格式见表 4-13。

冻土融化压缩试验记录表 表 4-13

工程名称＿＿＿＿＿＿＿＿＿　　　　　　　　试验者＿＿＿＿＿＿＿＿＿

钻孔编号＿＿＿＿＿＿＿＿＿　　　　　　　　计算者＿＿＿＿＿＿＿＿＿

试验日期＿＿＿＿＿＿＿＿＿　　　　　　　　校核者＿＿＿＿＿＿＿＿＿

融沉后试样高度 h		融沉后试样孔隙比 e			
加压历时（h,min） t	压力（kPa） p	试样总变形量 （mm） $\sum \Delta h_i$	压缩后试样高度 （mm） $h = h - \sum \Delta h_i$	孔隙比 $e_i = \dfrac{\sum \Delta h_i (1 + e)}{h}$	融化压缩系数 （MPa^{-1}） a

5. 结果整理

（1）按下式计算冻土融沉系数:

$$a_0 = \frac{\Delta h_0}{h_0} \times 100 \tag{4-23}$$

式中:a_0——冻土融沉系数（%）,精确至 0.01;

　　Δh_0——冻土融化下沉量（cm）;

　　h_0——冻土试样初始高度（cm）。

（2）按下式计算冻土试样初始孔隙比:

$$e_0 = \frac{\rho_w G_s (1 + 0.01w)}{\rho_0} - 1 \tag{4-24}$$

式中:e_0——冻土试样初始孔隙比,精确至 0.01;

ρ_w——水的密度(g/cm^3);

ρ_0——试样初始密度(g/cm^3);

G_s——土粒比重;

w——试样含水率(%)。

(3)按下列两式计算融沉稳定后和各级压力下压缩稳定后的孔隙比:

$$e = e_0 - (h - \Delta h_0)\frac{1 + e_0}{h_0} \qquad (4\text{-}25)$$

$$e_i = e - (h - \Delta h)\frac{1 + e}{h} \qquad (4\text{-}26)$$

式中:e、e_i——分别为融沉稳定后和压力作用下压缩稳定后的孔隙比,计算至0.01;

e_0——冻土试样初始孔隙比;

h、h_0——融沉稳定后和初始试样高度(cm);

Δh、Δh_0——压力作用下稳定后的下沉量和融沉下沉量(cm)。

(4)按下式计算某一压力范围内的冻土融化压缩系数:

$$a = \frac{e_i - e_{i+1}}{p_{i+1} - p_i}$$

(5)绘制孔隙比与压力关系曲线,如图4-16所示。

6.试验说明

(1)融沉数系是冻土融化过程中在自重作用下的相对下沉量。融化压缩系数是冻土融化后,在外荷载作用下,所产生的压缩变形称融化压缩。融化压缩系数是单位荷载下的孔隙比变化量。

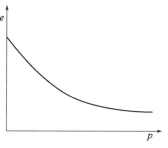

图4-16 孔隙比与压力关系曲线

冻土融化时在荷载作用下将同时发生融化下沉和压密。在单向融化条件下,这种沉降符合一维沉降。融化下沉是在土体自重作用下发生的,而压缩沉降则与外部压力有关。目前国内外在进行冻土融化压缩试验时首先是在微小压力下列出冻土融化后的沉降量,计算冻土的融沉系数,然后分级施加荷载测定各级荷载下的压缩沉降,并取某压力范围计算融化压缩系数。由此可以计算冻土融化压缩的总沉降量。

冻土的融沉和压缩的试验方法,有室内试验和原位试验两种。室内试验方法国内外进行的时间久,也比较成熟。

(2)冻土融化压缩试验的试样尺寸,国外取高度(h)与直径(d)之比为$h/d \geqslant 1/2$,最小直径取5cm,对于不均匀的层状和网状构的造的黏质土,则根据其构造情况加大直径并使$h/d = 1/5 \sim 1/3$。国内曾采用的试样环面积为45cm^2、78cm^2两种,试样高度有2.5cm、4cm。考虑到便于利用固结仪改装融化压缩仪,故规定可取试样环直径与固结仪大环刀直径(7.98cm)一致,高度则考虑冻土构造的不均匀性,取4cm,这样高度与直径之比基本为1:2。

为了模拟天然地层的融化过程,在试验中必须保持试样自上而下的单向融化,因此,除单向加热使试样自上而下融化外,还必须避免侧向热传导而造成试样的侧向融化,这样,以防止侧向传热。

(3)试验时在负温环境下或较低室外温下进行。土温太低,切样时往往造成脆性破碎;

太高时,切样时表面要发生局部融化。温度一般控制在 $-0.5 \sim 1.0℃$ 为宜。

(4)室内试验采用的冻土试样有原状冻土和用扰动融土制备的冻土试样。一般应采用原状土。

根据原状冻土相同的土质、含水率的扰动土制成的冻土试样进行的对比试验表明:扰动冻土试样的融沉系数小于原状冻土的融沉系数,其差值一般均小于5%。因此,在没有条件采取原状冻土时,可用扰动融土根据冻土天然构造及物理指标(含水率、密度)进行制样。必要时,对融沉系数作适当的修正。

(5)测定融沉系数 a_0 值时,本规程规定施加 1kPa 的压力。这主要是考虑克服试样与环壁之间的摩擦力。而且,冻土在融化过程中单靠自重下沉的过程往往很长,所以,施加这一小量压力可以加快下沉速度,又不致对融化土骨架产生过大的压缩,对 a_0 的影响甚微。

(6)试验中当融化速度超过天然条件下的排水速度时,融化土层不能及时排水,使融化下沉发生滞后现象。当遇到试样含冰(水)量较大时,若融化速度过快,土体常发生崩解现象,使土颗粒与水分一起挤出,导致试验失败或 a_0 值偏大。因此,循环热水的温度应加以控制。根据已有经验,本规程规定水温控制在 $40 \sim 50℃$。加热循环水应畅通,水温要逐渐升高。当试样含冰(水)量大或试验环境温度较高时,可适当降低水温,以控制 4cm 高度的试样在 2h 内融化完为宜。

第五章 原位测试

第一节 荷载试验

一、概述

荷载试验是一种地基土的原位测试方法,可用于测定承压板下应力,主要影响范围为内岩土的承载力和变形特性。荷载试验可分为浅层平板荷载试验、深层平板荷载试验和螺旋板荷载试验三种。浅层平板荷载试验适用于浅层地基土,深层平板荷载试验适用于埋深大于3m和地下水位以上的地基土;螺旋板荷载试验适用于深层地基土或地下水位以下的地基土。

荷载试验应布置在有代表性的地点,每个场地不宜少于3个,当场地内岩土体不均时,应适当增加。浅层平板荷载试验应布置在基础底面高柱处。平板荷载试验是在一定面积的刚性承压板上加荷,通过承压板向地基土逐级加荷,测定地基土的压力与变形特性的原位测试方法。它反映承压板下1.5~2.0倍承压板直径或宽度范围内地基土强度、变形的综合性状。

荷载试验的主要优点是对地基土不产生扰动,利用其成果确定的地基容许承载力最可靠、最有代表性,可直接用于工程设计。其成果还可用于预估建筑物的沉降量,效果也很好。因此,在对大型工程、重要建筑物的地基勘测中,荷载试验一般是不可少的。它是目前世界各国用以确定地基承载力的最主要方法,也是比较其他土的原位测试成果的基础。

平板荷载试验分为浅层荷载试验和深层荷载试验,适用于各种地基土,特别适用于各种填土和含碎石的土。

平板荷载试验反映承压板下不超过2倍承压板宽度(或直径)范围内地基土的特性。如在该影响范围内地基土为非均质土时,试验结果为一综合性状,将会给试验数据的分析造成一定的困难。

二、试验基本原理

根据地基土的应力状态,荷载试验得到的压力-沉降曲线($p\text{-}s$ 曲线)可以分为三个阶段,如图5-1所示。

(1)直线变形阶段。当压力小于比例极限压力(又称临塑荷载)p_{cr}时,$p\text{-}s$ 呈直线关系,地基土处于弹性变形阶段。

受荷土体中任意点产生的剪应力小于土体的抗剪强度,土的变形主要由土中孔隙的减少而引起,土体变形主要是竖向压缩,并随时间的增长远渐趋于稳定。

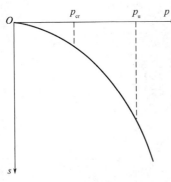

图 5-1　荷载试验 p-s 曲线

（2）剪切变形阶段。当压力大于 p_{cr} 而小于极限压力 p_u 时，p-s 由直线关系变为曲线关系，此时地基土处于弹塑性变形阶段。曲线的斜率随压力 p 的增大而增大，土体变形除了竖向压缩之外，在承压板的边缘已有小范围内土体承受的剪应力达到或超过了土的抗剪强度，并开始向周围土体发展，处于该阶段土体的变形由土体的竖向压缩和土粒的剪切变位同时引起。

（3）破坏阶段。当压力大于极限压力 p_u 后，即使压力不再增加，承压板仍不断下沉，土体内部形成连续的滑动面，并在承压扳周围土体发生隆起及产生环状或放射状裂隙，此时，在滑动土体内各点的剪应力均达到或超过土体的抗剪强度。

三、试验仪器设备

浅层平板荷载试验的试验设备由加荷系统、反力系统及量测系统三部分组成。

1. 加荷系统

加荷系统包括承压板和加荷装置，所施加的荷载通过承压板传递给地基土。承压板一般采用圆形或方形的刚性版，也有根据试验要求采用矩形承压板。对于土的浅层平板荷载试验，承压板的尺寸根据地基土的类型和试验要求有所不同。在工程实践中，可根据试验土层状况选用合适的尺寸，一般情况下，可参照下面的经验值选取：

（1）对于一般黏性土地基，常用面积为 0.5m^2 的圆形或方形承压板。

（2）对于碎石类土，承压板直径（宽度）应为最大碎石直径的 $10 \sim 20$ 倍。

（3）对于岩石类土，承压板面积以 0.10m^2 面积为宜。

加荷装置总体上可分为重物加荷装置和千斤顶加荷装置。重物加荷装置是将具有已知质量的标准钢锭、钢轨或混凝土块等重物按试验加载计划依次地放置在加载台上，达到对地基土施加分级荷载的目的。千斤顶加荷装置是在反力装置的配合下对承载板施加荷载，根据使用的千斤顶类型，又分为机械式或油压式，根据使用千斤顶数量的不同，又分为单个千斤顶加荷装置和多个千斤顶加荷装置。

经过标定的带有油表的千斤顶可以直接读取施加荷载的大小，如果采用不带油压表的千斤顶或机械式千斤顶，则需要配置应力计，并对应力计进行事先标定。

2. 反力系统

荷载试验的反力可以由重物、地锚单独或地锚与重物共同提供，由地锚（或重物）和梁架组合成稳定的反力系统。常见的荷载试验加载与反力布置方式如图 5-2、图 5-3 所示。

3. 量测系统

位移量测系统包括基准梁和位移测量元件，基准梁的支撑柱应离承压板和地锚一定的距离，以避免地表变形对基准梁的影响。位移量测元件可以采用百分表或位移传感器。

四、试验技术要求

浅层平板荷载试验，应当满足以下技术要求。

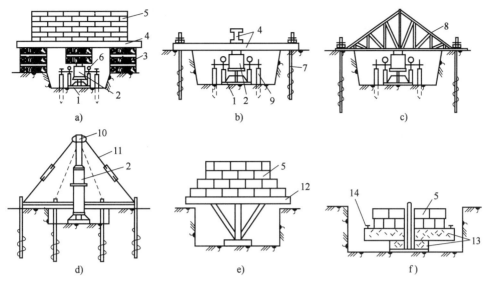

图 5-2 荷载试验加载与反力系统示意图

1-承压板;2-千斤顶;3-木垛;4-钢梁;5-钢锭;6-百分表;7-地锚;8-桁架;9-立柱;10-分力帽;11-拉杆;12-荷载台;13-混凝土;14-测点

1. 试坑的尺寸及要求

浅层平板荷载试验的试坑宽度或直径不应小于承压板宽度或直径的 3 倍;试坑底的岩土应避免扰动,保持其原状结构和天然湿度,并在承压板下铺设不超过 20mm 的砂垫层找平,尽快安装试验设备。

2. 承载板的尺寸

荷载试验宜采用圆形刚性承压板,根据土的软硬或岩体裂隙密度选用合适的尺寸;土的浅层平板荷载试验承压板面积不应小于 $0.25m^2$,对软土不应小于 $0.5m^2$。

图 5-3 静荷载试验

3. 加荷方式

荷载试验加荷方式应采用分级维持荷载沉降相对稳定法(常规慢速法);有地区经验时,可采用分级加荷沉降非稳定法(快速法)或等沉降速率法;加荷等级宜取 10 ~ 12 级,并不应少于 8 级,荷载量测精度不应低于最大荷载的 ±1%。

4. 沉降观测

(1)承压板的沉降可采用百分表或电测位移计量测,其精度不应低于 ±0.01mm。

(2)采用慢速法,当试验对象为土体时,每级荷载施加后,间隔 5min、5min、1min、10min、15min、15min 测读一次沉降,以后间隔 30min 测读一次沉降,当连读两小时每小时沉降量小于等于 0.1mm 时,可认为沉降已达相对稳定标准,施加下一级荷载,当试验对象是岩体时,间隔 1min、2min、2min、5min 测读一次沉降,以后每隔 10min 测读一次,当连续三次读数差小于等于 0.01mm 时,可认为沉降已达相对稳定标准,施加下一级荷载。

(3)采用快速法时,每加一级荷载间隔 15min 观测一次沉降。每级荷载维持 2h,即可施加下一级荷载。最后一级荷载可观测至沉降达到相对稳定标准或仍维持 2h。

（4）采用等沉降速率法时，控制承压板以一定的沉降速率沉降，测度与沉降相应的所施加的荷载，直至土体达到破坏状态。

5.试验终止条件

一般应尽可能进行到试验土层达到破坏阶段，然后终止试验。当出现下列情况之一时，可认为已达到破坏阶段，并可终止试验。

（1）承压板周边的土出现明显侧向挤出，周边岩土出现明显隆起或径向裂缝持续发展。

（2）本级荷载的沉降量大于前级荷载沉降量的5倍，荷载与沉降曲线出现明显陡降。

（3）在某级荷载下24h沉降速率不能达到相对稳定标准。

（4）总沉降量与承压板直径（或宽度）之比超过0.06。

五、试验步骤

1.试验设备的安装

这里以地面反力系统为例加以叙述。

（1）下地锚：在确定试坑位置后，根据计划使用地锚的数量（4只或6只），以试坑中心为中心点对称布置地锚。各个地锚的深度要一致，一般下在较硬地层为好，可以提供较大的反力。

（2）挖试坑：根据固定好的地锚位置来复测试坑位置，开挖试坑的边长（或直径）不应小于承压板边长或直径的3倍。开挖至试验深度。

（3）放置承压板：在试坑中心根据承压板的大小铺设不超过20mm厚度的砂垫层，并找平。然后小心平放承压板，防止斜角着地。

（4）千斤顶和测力计的安装：以承压板为中心，依次放置千斤顶、测力计和分力帽使其中心保持在一条直线上。

（5）横梁和连接件的安装：通过连接件将次梁安装在地锚上，以承压板为中心将主梁通过连接件安装在次梁上，形成反力系统。

（6）沉降测量系统的安装：搭设支撑柱，安装测量横杆，固定百分表或位移传感器，形成完整的沉降量测系统。

2.试验步骤

（1）加荷操作：加荷等级一般分10~12级，并不小于8级，最大加载量不应小于地基承载力设计值的2倍，荷载的量测精度控制在±1%。加荷必须按照预先规定的级别进行，第一级荷载需要加上设备的重力并减去挖去土的自重。所加荷重是通过事先标定好的测力计百分表的读数反映出来的，因此，必须预先根据标定曲线或表格计算出预定的荷重所对应的百分表读数。

（2）稳压操作：每级荷重下都必须保持稳压，由于加压后地基沉降、设备变形和地锚受力拔起等原因，都会引起荷重的降低，必须及时观察测力计百分表指针的变动，并通过千斤顶不断地补压，使荷重保持相对稳定。

（3）沉降观测：采用慢速法时，对于土体，每级荷载施加后，间隔5min、5min、10min、10min、15min、15min测读一次沉降，以后间隔30min测读一次沉降，当连续2h每小时沉降量不大于0.1mm时，认为沉降已达到相对稳定标准，施加下一级荷载，直至达到试验终止条件。

（4）试验观测与记录：在试验过程中，必须始终按规定将观测数据记录在荷载试验记录表中。试验记录是荷载试验中最重要的第一手资料，必须正确记录，并严格校对。

六、试验资料整理

1．绘制荷载-沉降（ p-s ）曲线

根据荷载试验沉降观测原始记录，将（ p-s ）点绘在坐标纸上。

2． p-s 曲线的修正

如图5-4所示，如果原始的 p-s 曲线的直线段延长线不通过原点（0，0），则需对 p-s 曲线进行修正。

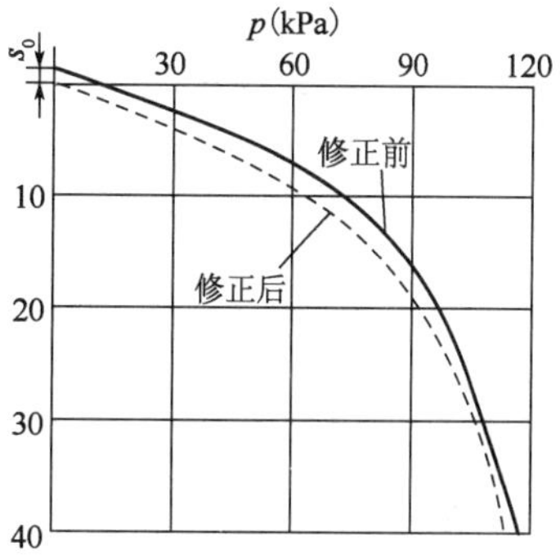

（1）图解法：在 p-s 曲线草图上找出比例界限点，从比例界限点引一直线，使比例界限前的各点均匀靠近该直线，直线与纵坐标交点的截距即为 s_0。将直线上任意一点的 s、p 和 s_0 代入下式求得 p-s 曲线直线段的斜率 c 值：

$$s = s_0 + cp \tag{5-1}$$

则

$$c = \frac{s - s_0}{p}$$

图5-4　p-s 曲线及其修正

（2）最小二乘法：其计算式如下：

$$\begin{cases} ns_0 + c \sum p - \sum s = 0 \\ s_0 \sum p + c \sum p^2 - \sum ps = 0 \end{cases} \tag{5-2}$$

解方程组得：

$$c = \frac{n \sum ps - \sum p \sum s}{n \sum p^2 - (\sum p)^2} \tag{5-3}$$

$$s_0 = \frac{\sum s \sum p^2 - \sum p \sum s}{n \sum p^2 - (\sum p)^2} \tag{5-4}$$

式中：n——直线段加荷次数；

其他符号意义同前。

（3）求得 p-s 曲线直线段截距 s_0 及斜率 c 后，就可用下达方法对原始沉降观测值 s 进行校正。对比例界限以前各点，根据 c、p 值按式（5-5）校正：

$$s' = cp \tag{5-5}$$

对于比例界限以后各点，按式（5-6）校正：

$$s' = s - s_0 \tag{5-6}$$

式中：s'——沉降量校正值；

其他符号意义同前。

（4）根据校正后的 s' 值绘制 p-s'（压力—沉降量）关系曲线。

3．曲线特征值的确定

（1）当 p-s 曲线具有明显的直线段及转折点时，一般将转折点所对应的压力定为比例界限值，将曲线陡降段的渐近线和横坐标的交点定为极限界限值。

（2）当曲线无明显直线段及转折点时（一般为中、高压缩性土），可用下述方法确定比例界限。

①在某一级荷载压力下，其沉降增量 Δs_n。超过前一级荷载压力下的沉降增量 Δs_{n-1} 的 2 倍（即 $\Delta s_n \geqslant 2\Delta s_{n-1}$）的点所对应的压力，即为比例界限。

②绘制 $\lg p$-$\lg s$ 或 $\left(p\text{-}\dfrac{\Delta s}{\Delta p}\right)$ 曲线，曲线上的转折点所对应的压力即为比例界限。其中，Δp 为荷载增量，Δs 为相应的沉降增量。

4. 计算变形摸量 E_0

土的变形摸量是指土在单轴受力，无侧限情况下的应力与应变之比。由于土是弹塑性体，其变形包括土的弹性变形和塑性变形，故可称为总变形模量，其值可由荷载试验成果 p-s 曲线的直线变形段，按弹性理论公式求得，仅适用于土层属于同一层位的均匀地基。

当承压板位于地表时：

$$E_0 = wB(1 - \mu^2) \cdot \frac{p}{s} \tag{5-7}$$

式中：p、s —— p-s 曲线直线段内一点的压力值（kPa）及相应沉降量（mm）；

$\quad\quad B$ —— 承压板的宽度或直径（cm）；

$\quad\quad \mu$ —— 土的泊松比；

$\quad\quad w$ —— 承压板形状系效。刚性方形板 $w = 0.886$，刚性圆形板，$w = \dfrac{\pi}{4}$。

当承压板位于地表面以下时，应乘以深度修正系数

$$E_0 = wBI_l(1 - \mu^2) \frac{p}{s} \tag{5-8}$$

式中：I_l —— 承压板埋深 h 时的修正系数。当 $h \leqslant B$ 时，$I_l \approx 1 - 0.27\dfrac{h}{B}$；当 $h > B$ 时，

$$I_l \approx 0.5 + 0.23\frac{B}{h}\text{。}$$

七、荷载试验成果应用

荷载试验的主要成果是压力-沉降量曲线（即 p-s 曲线）和变形模量。其成果主要用来确定地基容许承载力和预估建筑物的沉降量。

1. 确定地基土承载力容许值

（1）在直线变形阶段，地基上所受压力较小，主要是压密变形或似弹性变形，地基变形较小，处于稳定状态。直线段端点所对应的压力即为比例界限 p_{cr}，可作为地基土的容许承载力。此点靠近塑性变形破坏阶段，和临塑荷载（由理论计算得来）p_c，很接近。

（2）当压力继续增大超过比例界限时，在基础（或承压板）边缘出现剪切破裂或称塑性破坏。随压力继续增大，剪切破裂区不断向纵深发展，此段 p-s 关系呈曲线形状。曲线末端（为一拐点）所对应的压力即为极限界限，可作为地基土极限承载力 p_u。可通过极限承载力除以一定的安全系数（一般取 2.5~3.0）的方法确定地基土容许承载力。

（3）如果压力继续增加，承压板（或基础）会急剧不断地下沉。此时，即使压力不再增

加,承压板仍会不断急剧下沉,说明地基发生了整体剪切破坏。

上述确定地基容许承载力的方法,一般适用于低压缩性土,地基受压破坏形式为整体剪切破坏,曲线上拐点明显。对于中、高压缩性土,地基受压破坏形式为局部剪切破坏或冲剪破坏,其$p\text{-}s$曲线上无明显的拐点。这时可用$p\text{-}s$曲线上的沉降量s与承压板的宽度(或换算成直径)B之比等于0.02时所对应的压力作为地基土容许承载力。对砂土和新近沉积的黏性土,则采用$s/B = 0.010 \sim 0.015$时所对应的压力为容许承载力。

2. 计算地基土沉降量

利用原位测试成果,特别是荷载试验成果计算地基的变形量,较据室内试验得出的压缩模量计算更接近于实际。前者在国外应用甚广。苏联规定,用荷载试验的变形模量计算地基变形量;日本用$p\text{-}s$曲线先算出地基系数,然后计算沉降量;欧美国家也有类似情况。我国曾习惯于用压缩模量指标采用分层总和法计算地基沉降量,结果和实际沉降量差别较大。2002年颁布的《建筑地基基础设计规范》(GB 50007—2002),在分层总和法的基础上进行了修正,应用了应力面积基本概念,以修正理论计算的误差。尽管如此,仍不如采用原位测试得到的土的变形模量进行计算更符合实际。

当建筑物基础宽度两倍深度范围内的地基土为均质时,可利用荷载试验沉降量推算建筑基础的沉降量:

砂土地基
$$s_j = s\left(\frac{b}{B}\right)^2\left(\frac{B+30}{b+30}\right)^2 \tag{5-9}$$

黏土地基
$$s_j = s \cdot \frac{b}{B} \tag{5-10}$$

式中:s_j——预估的基础沉降量(cm);

s——荷载与基础底面压力值相等时的荷载试验承压板的沉降量(cm);

b——基础短边宽度(cm);

B——承压板宽度(cm)。

第二节　静力触探试验

一、概述

土体如果从室外取到室内,必然经受一定程度的扰动,而且有些土体也难以取得原状土进行室内的分析试验;此外,现场土的整体特性要比室内局部土体的性状复杂许多,因此如能就近在原位进行相关试验,将对土体性状准确性的评估非常有益。本节所涉及的触探试验,就是目前在岩土工程界应用最为广泛的原位试验类型之一,其在地基土类划分、土层剖面确定、土体强度指标评价以及地基承载力的综合评估等方面均具有显著优势。

触探试验主要分为静力触探试验、动力触探试验和标准贯入度试验。其中静力触探试验具有连续、快速、精确等优点,可以在现场通过贯入阻力变化了解地层变化及其物理力学性质等特点,主要适用于软土、一般黏性土、粉土、砂土和含少量碎石的地基,但测试含较多碎石、砾石的土层与密实的砂层时,则需进行圆锥动力触探试验。圆锥动力触探试验,设备简单,操作方便,适用性广,并有连续贯入的特性,对于难以取样的砂土、粉土、碎石土等和对静力触探难以贯入的含砾石土层,是非常有效的勘测手段,其缺点是不能取样进行直接描述,试验误差较大,再现性较差。

静力触探(Cone Penetration Test)是用静力探探头以一定的速率压入土中,利用探头内的力传感器,通过电子测量仪器将探头受到的贯入阻力记录下来。由于贯入阻力的大小与土层的性质有关,因此通过贯入阻力的变化情况,可以达到了解土层的工程性质的目的。其作为岩土工程中的一项重要原位测试方法,可用于划分土层并判定土层类别,测定地基土的工程特性(包括地基承载力、变形模量、砂土密度和液化可能性等)以及单桩竖向承载力等很多方面。

相比于常规的钻探—取样—室内试验,静力触探法具有快速、准确、经济、节省人力、勘察与测试双重功能的特点。特别对地层变化较大的复杂场地以及较难取得原状土的地层及桩基工程勘察,更具优越性。其贯入深度不仅与土层工程性质有关,同时还受触探设备的推力和拔力的限制。一般200kN的静力触探设备,在软土中的贯入深度可以超过70m,在中密砂层中的深度可以超过30m。

二、试验基本原理

静力触探试验的贯入机理较为复杂,目前土力学还未能完善地解决探头与周围土体间的接触应力分布及土体变形问题。近似贯入机理理论分为三类,即承载力理论、圆孔扩张理论以及稳定贯入流体理论。

不同的贯入理论有不同的简化假设。承载力理论借助单桩承载力的半经验分析,认为探头以下土体受圆锥头的贯入产生整体剪切破坏,其中滑动面处的抗剪强度提供贯入阻力,滑动面的形状则是根据试验模拟或经验假设,承载力理论适用于临界深度以上的贯入情况。圆孔扩张理论假定圆锥探头在各向同性无限土体中的贯入机理与圆球及圆柱体空穴扩张问题相似,并将土体作为可压缩的塑性体,所以其理论分析适用于压缩性土。而稳定贯入流体理论认为土是不可压缩流动介质,圆锥探头贯入时,受应变控制,根据其相应的应变路径得到偏应力,进而推导得出土体中的八面体应力,主要适用于饱和软黏土。

三、试验仪器设备

静力触探设备根据量测方式,分为机械式和电测式两类,机械式采用压力表测量贯入阻力,电测式采用传感器电子测试仪表测量贯入阻力。前者目前在国内已基本不再使用,故本书着重介绍电测式的静力触探设备。

静力触探设备总体上分为五个部分,即探头和探杆装置、加力装置、反力装置、记录系统和深度控制系统。下面依次予以分别说明。

1.探头和探杆装置

(1)基本构型。探头在压入土中时,将受到压力和剪力,土层强度越高,探头所受阻力越大,探头中的传感器将这种阻力以电信号形式记录到仪表中。

探头质量取决于3个方面:

①传感器材科的线弹性好,形变的范围宽;

②传感器中应变片受温度影响小,组成全桥电路时稳定性好;

③探头外形准确,不容易磨损。

根据触探探头的结构与传感器功能的不同,探头主要分为单桥探头和双桥探头。这也是在我国常用的两种探头。单桥探头中是一个全桥电路,由带外套筒的锥头、顶柱、传感器以及电阻应变片组成,量测的是比贯入阻力 p_s,如图 5-5 所示。

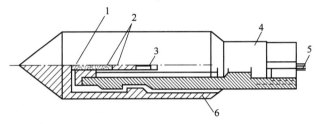

图 5-5　单桥探头结构

1-顶柱;2-电阻应变片;3-传感器;4-密封垫圆套;5-四芯电缆;6-外套筒

而双桥探头中,除了锥头传感器外,还有例壁摩擦传感器和摩擦套筒。探头上有两个全桥电路,分别用以量测锥尖和锥壁的摩擦阻力,如图 5-6 所示。

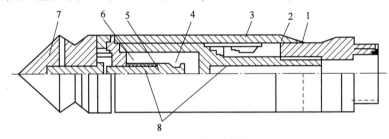

图 5-6　双桥探头结构

1-传力杆;2-摩擦传感器;3-摩擦筒;4-锥头传感器;5-钢球;6-顶柱;7-锥尖头;8-电阻应变片

常用的单桥和双桥探头型号和规格分别见表 5-1 和表 5-2。

单桥探头的型号和规格　　　　　　　　　　　　　　　表 5-1

型　　号	锥底直径(mm)	锥底面积(cm²)	有效侧壁长度(mm)	锥角(°)
I－1	35.7	10	57	60
I－2	43.7	15	70	60
I－3	50.4	20	81	60

双桥探头的型号和规格　　　　　　　　　　　　　　　表 5-2

型　　号	锥底直径(mm)	锥底面积(cm²)	摩擦筒表面积(cm²)	摩擦筒有效长度(mm)	锥角(°)
II－1	35.7	10	200	179	60
II－2	43.7	15	300	219	60
II－3	50.4	20	300	189	60

除了单桥和双桥探头外,还有一种孔压探头,它是在双桥探头的基础上增加了由过滤片做成的透水滤器和孔压传感器,在测定锥尖阻力、侧壁摩擦力及孔隙水压力的同时,还能测

定周围土中孔隙水压力的消散过程。此外,携带测定温度、测斜、测振、测电阻率、测波速等的多功能探头也逐渐在国内外被开发应用。

探杆是触探贯入力的传递媒介。常用的探杆由直径 32 ~ 35mm、壁厚 5mm 以上的高强度无缝钢管制成,每根钢管长 1m。探头杆宜采用平接,以减少压入过程中探杆与土的摩擦力。

(2)探头率定。密封好的探头要进行率定,找出贯入阻力和探头内传感器应变值间的关系后才能使用。探头率定使用 30 ~ 50kN 的标准测力计进行。每个传感器需要定期率定,一般三个月率定一次,率定用的测力计或传感器必须计量检验合格,且在有效期内,精度不低于 3 级。率定加荷分组,根据额定贯入力大小决定,一般当额定贯入力较大时,可取额定贯入力 1/10,额定贯入力较小时,可取额定贯入力 1/20,率定所用电缆和记录仪,需是现场试验实际采用的电缆和记录仪。率定试验至少重复 3 次,以平均值作图。一般以加压荷载为纵坐标,应变量(或电压)为横坐标,采用端点连接法,即将零载和满载时的输出值连成直线,正常情况下各率定点应在该直线上。

探头率定系数 k 可以按照下式计算:

$$k = \frac{p}{Ae} \tag{5-11}$$

式中: k ——探头的率定系数,对电阻式和电压式,单位分别为 kPa/$\mu\varepsilon$ 和 kPa/mV;

p ——率定直线上某点的荷载;

A ——率定锥尖阻力传感器时为锥头底面积,率定侧壁摩擦阻力传感器时为摩擦筒侧面积(m^2);

e ——与荷载 p 对应的输出电压值(mV)或应变量($\mu\varepsilon$)。

(3)传感器质量标准。根据《岩土工程勘察规范》(GB 50021—2001)规定,探头及其传感器应该满足以下要求:

①绝缘电阻不小于 500MΩ;

②探头环境使用温度 – 10 ~ 55℃;

③过载能力超出额定荷载的 20%;

④探头有良好防水、密封性能;

⑤探头归零误差、重复性误差、迟滞误差、非线性误差及温漂在室内率定时均不大于满量程的 1%,现场测试时的归零误差不得大于满量程的 3%。

2. 加力装置

该装置是为了能将探头以一定的速率压入土中。按照加压方式可以分为以下三种:

(1)手摇式静力触探。利用摇柄、链条、齿轮等机械装置,用人力将探头压入土中。此类设备能提供的贯入力较小,一般为 20kN 和 30kN 两种。适用于狭小场地的浅层软弱地基测试。

(2)齿轮机械式静力触探。该装置是在手摇式静力触探装置基础上改装而成,主要由变速马达、伞形齿轮、导向滑块、支架、底板、导向轮和探杆构成,结构较为简单,加工方便,可车载或组装为落地式、拖车式,但贯入压力也不大,一般为 50kN 左右,适用于深度要求不大、土层较软的地基。

(3)全液压传动静力触探。分为单缸和双缸两种,主要部件有油缸、油泵、固定底座、分压阀、压杆器和导向轮等,动力可用柴油机或者电动机,常用的贯入力有 100kN、150kN 和 200kN 三种。

3.反力装置

该装置是为了防止探头贯入过程中由于地层阻力的作用使触探架被抬起而设置的,一般有 3 种形式:

(1)利用地锚作为反力。当地表有较硬黏性土的覆盖层时,一般采用 2~4 个可拆卸式的单叶片地锚(锚杆长度约 1.5m,叶片直径可分成多种,如 25cm、30cm、35cm、40cm 等,以适应各种情况)。工作时,由液压锚机将地锚旋压入土中,以此为静力触探设备均衡提供反力,锚长与入土深度可在一定范围内根据所需反力大小调节。

(2)利用重物作为反力。适用于表层为砂砾、碎石土等无法使用地锚的情况,反力通过施加于触探架上的钢锭、铁块来提供。重物的质量宜由所需反力大小、触探反力架的额定承受能力以及一定安全储备确定。

(3)利用车辆重力作为反力。当现场不便下锚,且所需反力低于静力触探车辆的自重时,就可采用静力触探车自重提供反力。

此外,若现场条件仅采用一种方法不足以提供反力时,可考虑多种方法组合予以实施。

4.量测记录系统

常用量测装置有数字式电阻应变仪、电子电位差自动记录仪和微电脑数据采集仪三种。

(1)电阻应变仪大多为 YJ 系列,通过电桥平衡原理进行测量。探头工作时,传感器发生变形,引起电阻应变片的电阻值变化,桥路平衡发生变化。电阻应变仪通过手动调整电桥,使之达到新平衡,确定应变量大小,并从读数盘上读取应变值。

(2)自动记录仪是由电子电位差计改装而成。由探头输入的信号,到达测量电桥后产生一个不平衡电压,电压信号放大后,推动可逆电机转动,后者带动与其相连的指示机构,沿着有分度按信号大小比例刻制的标尺滑行,直接绘制被测信号的数值曲线。

(3)微电脑数据采集仪,是采用模数转换技术,将被测信号模拟量的变化在测试过程中直接转换成 q_c、f_s、p_s 数字值打印出来,同时在检测显示屏上,将这些参数随深度变化的曲线亦显示出来。所有记录数据储存在磁盘中,并可传输给电脑,以做进一步数据处理。

5.深度控制系统

该系统采用一对自整角机。发信机固定在底板上,与摩擦轮相连,摩擦轮随钻杆下压而转动,带动发信机轮转动,送出深度信号;根据接收到的深度信号,收信机的转轮随之旋转,驱动由齿轮连接的同步走纸设备实时记录钻进的深度。一般的贯入速度为 $(1.2 \pm 0.3)\,\mathrm{m/min}$,贯入深度记录的精度为 0.25cm/m。

四、试验步骤与技术要求

1.试验前准备

(1)设备进场测试前,检测设备性能是否良好。

(2)根据钻探资料或区域地质资料估算现场贯入力的大致范围,选择合适的探头和加力装置。

（3）进场后选定探孔的位置,测量孔口的高程。

一般地,测点离已有钻孔距离不小于已有钻孔直径的20倍,且不小于2m。一般原则为先触探,后钻探。平行试验的孔距不宜大于3m。

（4）安装反力装置,下锚或者压载,或者并用。

（5）安装加力装置和连接量测设备,采用水准尺持底板调平。检查自整角机深度转换器、导轮、卷纸结构。

（6）检查探头外套筒与锥头活动情况,穿好电缆,检查探杆,保证据杆平直,丝扣无裂纹。

（7）进入试验工作状态,检查电源、仪表、线间、对地绝缘是否正常。

2. 试验测试

（1）确定试验初始读数,将探头压入地表以下0.5～1m,经过10min左右,向上提升5～10cm,使探头传感器处于不受力的状态,待探头温度与地温平衡后,此时仪器上的稳定读数即为初始读数,将仪器调零或记录该初始读数后,进行正常贯入试验。

（2）以(1.2±0.3)m/min的速度均匀贯入,每间隔10cm测记一次读数(根据设备实际情况选择自动记录或者人工读数)。

（3）探杆长度不够时,需要增接探杆,注意在接卸探杆时,不能转动电缆,防止拉断。每次连接探杆的时候,丝扣必须上满,卸除探杆时,保证下部探杆不能转动,以防止接头处电缆被扭断;同时防止电缆受拉,以免电缆被拉断。

（4）触探过程中的探头归零检查。由于初始读数并非固定不变,每贯入一定深度后,大约2～5m,都要上提探头5～10cm,测读一次初始读数,以校核贯入过程中初始读数的变化情况。通常在地面以下6m深度范围内,每贯入2～3m应提升探头一次,记录一次初始读数;孔深超过6m后,根据不归零值的大小,适当放宽归零检查的深度间隔(大约5m)或不做归零检查。

（5）钻孔达到预定深度以及探头拔出地面时,分别测读一次初始读数,提升探杆,卸除探头的锥头部分,将泥沙擦洗干净,保证顶住及外套筒能自由活动。试验结束后应立即给探头清洗上油,妥善保管,防止探头被暴晒或受冻。

（6）出现下列情况之一时,应中止贯入,并立即起拔:

①孔探已达到任务书的要求;

②反力装置失效或触探主机已超额定负荷;

③探杆出现明显的弯曲,有折断的危险。

3. 技术要求

（1）圆锥截面积,国际通用标准为10cm²。但国内勘察单位广泛使用35cm²的探头;10cm²与15cm²的贯入阻力相差不大,在同样的土质条件和机具贯入能力的情况下,10cm²比15cm²的贯入深度更大;为了向国际标准靠拢,最好使用锥头底面积为10cm²的探头。探头的几何形状及尺寸会影响测试数据的精度,故应定期进行检查。

以10cm²探头为例,锥头直径d_e,侧壁筒直径d_s的容许误差分别为:

$34.8 \leqslant d_e \leqslant 36.0$mm;

$d_e \leqslant d_s \leqslant d_e + 0.35$mm;

锥截面积应为10.00cm²(3%～5%);

侧壁筒宜径必须大于锥头直径,否则会显著减小侧壁摩阻力;侧壁摩擦筒侧面积应为 $150cm^2 \pm 2\%$。

(2)贯入速率要求匀速,贯入速率(1.2 ± 0.3)m/min 是国际通用的标准。

(3)探头传感器除室内标定误差(重复性误差、非线性误差、归零误差、温度漂移等)不应超过 $1.0f_s$ 外,特别在现场当探头返回地面时应记录归零误差,现场的归零误差不应超过 3%,这是试验数据质量好坏的重要标志;探头的绝缘度不应小于 $500M\Omega$,在 3 个工程大气压下保持 2h。

(4)贯入读数间隔一般采用 0.1m,不超过 0.2m,深度记录误差不超过 $\pm 1\%$;当贯入深度超过 30m 或穿过软土层贯入硬土层后,应有测斜数据;当偏斜度明显,应校正土层分层界线。

(5)为保证触探孔与垂直线间的偏斜度小,所使用探杆的偏斜度应符合标准:最初 5 根探杆每米偏斜小于 0.5mm,其余小于 1mm;当使用的贯入深度超过 50mm 或使用 15~20 次,应检查探杆的偏斜度;如贯入厚层黏土,再穿入硬层、碎石土、残积土,每用过一次应作探杆偏斜度检查。

触探孔一般至少距探孔 25 倍孔径或 2m。静力触探宜在钻孔前进行,以免钻孔对贯入阻力产生影响。

五、试验数据整理

1. 原始数据修正

(1)深度修正。当记录深度与实际深度有出入时,应沿深度线性修正深度误差。出现此类问题的主要原因有地锚松动、探杆夹具打滑、触探孔偏斜、走纸机构失灵、导轮磨损等,除了进行深度修正外,还应针对不同的原因,提出修正处理对策。此外,当探杆相对于铅垂线出现偏斜角 θ 时,应进行深度修正,若倾斜在 8° 以内,则不做修正。

一般每隔 1m 测定一次偏斜角,据此得到每次的深度修正值为:

$$\Delta h_i = 1 - \cos\left(\frac{\theta_i + \theta_{i-1}}{2}\right) \tag{5-12}$$

式中:Δh_i——第 i 段的深度修正值;

θ_i、θ_{i-1}——第 i 次和第 $i-1$ 次的实测偏斜角。

在深度 h_n 处,总深度修正值为 $\sum_{i=1}^{n} \Delta h_i$。因此实际深度为 $h_n - \sum_{i=1}^{n} \Delta h_i$。

(2)零漂修正。所谓零漂,就是零点漂移的简称,是指在直接耦合放大电路中,当输入端无信号时,输出端的电压偏离初始值而上下漂动的现象,它是由地温、探头与土摩擦产生的热传导引起的,故并非常数。一般有两种修正方法:一种是测零读数时,发现漂移便即刻将仪器调零,而如此整理后的原始数据就不再做归零修正;另一种是将测定的零读数记录下来,仪器在操作过程中并不调零,而在最终数据整理时,对原始数据进行修正,一般按归零检查的深度间隔按线性插值法对测试值加以修正。

2. 单孔资料整理

(1)计算实际应变:

$$\varepsilon = \varepsilon_1 - \varepsilon_0 \tag{5-13}$$

式中：ε ——实际应变值；

ε_1 ——应变观测值；

ε_0 ——应变初始值。

(2)计算贯入阻力。根据电阻应变仪测定的应变,换算成贯入阻力,具体如下：

单桥探头比贯入阻力

$$p_s = \alpha\varepsilon \tag{5-14}$$

双桥探头锥尖阻力

$$q_c = \alpha_1\varepsilon_q \tag{5-15}$$

侧壁摩擦阻力

$$f_s = \alpha_2\varepsilon_f \tag{5-16}$$

式中：p_s ——单桥探头的比贯入阻力；

α ——单桥探头的锥头传感器系数；

ε ——单桥探头的实际贯入应变值；

q_c ——双桥探头的锥尖阻力；

f_s ——双桥探头的侧壁阻力；

ε_q ——双桥探头中针对锥尖阻力的实际贯入应变值；

ε_f ——双桥探头中针对侧壁摩阻力的实际贯入应变值；

α_1、α_2 ——双桥探头的锥头和侧壁的传感器系数。

贯入阻力计算的原则:对单孔各分层的贯入阻力计算时,可采用算术平均法或按照触探曲线采用面积法,计算时应剔除个别异常数值,并剔除超前和滞后值;计算整个场地分层贯入阻力时,可以按各孔穿越该层厚度加权平均法计算,或将各孔触探曲线叠加后,绘制谷值与峰值包络线和平均值钱,以此确定场地分层的贯入阻力在深度上的变化规律和变化范围。

(3)绘制触探曲线。包括单桥下的比贯入阻力与深度的 p_s-h 曲线;双桥下的锥尖阻力与深度的 q_c-h 曲线;侧壁摩擦阻力与深度的 f_s-h 曲线;摩阻比与深度的 R_f-$h\left(\dfrac{f_s}{q_c}\times100\%\right)$ 曲线。

对自动记录的曲线,由于贯入停顿间歇,曲线会出现喇叭口或者尖峰,在绘制静力触探曲线时,应加以圆滑修正。

建议常用的纵横坐标比例尺如下：

①纵坐标深度比例为1:100,深孔可用1:200;

②横坐标代表触探参数,对单桥下的比贯入阻力 p_s 和双桥下的锥尖阻力 q_c,可以采用1cm 代表 1000kPa 或 2000kPa;

③侧壁摩擦阻力 f_s 比较小,比例尺取 1cm 代表 10kPa 或者 20kPa;

④摩阻比 R_f,一般可用 1cm 代表 1%。

3.划分土层以及绘制剖面图

(1)利用静力触探资料进行土层划分时,按照表5-3给出的范围作为土层划分界限。即

当 p_s 值不超过表中所列的变动幅度时,可合并为一层。如果有钻孔对比资料,则可进行对比分层,对比分层准确性较之单纯静力触探资料分层要高得多。

p_s 并层容许变动幅度

表 5-3

实测范围值(MPa)	变动幅度(MPa)	实测范围值(MPa)	变动幅度(MPa)
$p_s \leq 1$	$\pm(0.1 \sim 0.3)$	$3 \leq p_s \leq 6$	$\pm(0.5 \sim 1.0)$
$1 \leq p_s \leq 3$	$\pm(0.3 \sim 0.5)$		

(2)对薄夹层,不能受表 5-3 限制,而应以 $p_{s,max} \leq 2MPa$ 为分层标准,并结合记录曲线的线性与土的类别予以综合考虑。

(3)在分层时需要考虑触探曲线中的超前和滞后问题。下卧土层对上覆土层击数的影响,称为"超前反映",而上覆土层对下卧土层击数的影响称为"滞后反映"。界面处的超前与滞后反映段的总厚度,称为土层界面对击数的影响范围。在密实土层和软弱土层交界处,往往出现这种现象,幅值一般为 10 ~ 20cm,其原因除了交界处土层本身的渐变性外,还有触探机理和仪器性能反应迟缓等方面的问题,应视具体情况加以分析。

另外,还有一些经验分层方法列举如下:

(1)上下层贯入阻力相差不大时,取超前深度和滞后深度中点,或中点偏向小阻力值 5 ~ 10cm 处作为分层界面。

(2)上下层贯入阻力相差一倍以上时,当由软层进入硬层或由硬层进入软层时,取软层最后一个(或第一个)贯入阻力小值偏向硬层 10cm 处作为分层层面。

(3)如果贯入阻力 p_s 变化不大时,可结合 f_s 或 R_f 变化确定分层层面。

4. 成果应用

(1)应用范围。静力触探操作简便,其测定的结果,综合性较强,在实际工程中的应用面要比一些常规室内试验更为广阔,主要应用于以下五个方面:

①查明地基土在水平方向和垂直方向的变化,划分土层,确定土的类别;

②确定建筑物地基土的承载力、变形模量以及其他物理力学指标;

③选择桩基持力层,预估单桩承载力,判别桩基沉入的可能性;

④检查填土及其他人工加固地基的密实度和均匀性,判别砂土的密度及其在地震作用下的液化可能性;

⑤湿陷性黄土地区用来查找浸水事故的范围和界限。

(2)按照贯入阻力进行土层分类的方法。针对不同类型土可能具有相同 p_s、q_c 或 f_s 值的问题,仅仅依靠某一指标对土层分类的准确性得不到保证。

使用双桥探头时,由于不同土的 q_c、f_s 不可能都相同,因此采用双桥测定的 q_c 和 f_s/q_c 两个指标进行土的分类,能够取得比较好的效果。

使用双桥探头,可按图 5-7 对土质进行分类。从图 5-7 可见,单纯用静力触探资料进行土层划分较为粗糙,而且重叠范围大,准确性较低,一般都要与钻探资料对比,才能得到

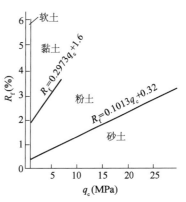

图 5-7 土的分类(双桥探头法)

合适结论。

（3）确定砂土密实度。静力触探参数可以用作砂土相对密实度评价的指标，表5-4列出了国内采用静力触探参数评定砂土密实度的大致界限范围。

国内采用静力触探参数评定砂土密实度的界限值（MPa） 表5-4

单位	极松	疏松	稍密	中密	密实	极密
辽宁煤矿设计院		$p_s < 2.5$	$2.5 \sim 4.5$	$p_s > 11$		
北京市勘察院	$p_s < 2$	$2 \sim 4.5$	$4 \sim 7$	$7 \sim 14$	$14 \sim 22$	$p_s > 22$

（4）确定砂土内摩擦角。砂土的内摩擦角可根据比贯入阻力参照表5-5取值。

按照比贯入阻力 p_s 确定砂土内摩擦角 φ 表5-5

p_s（MPa）	1	2	3	4	6	11	15	30
φ（°）	29	31	32	33	34	36	37	39

（5）变形参数计算。静力触探试验亦可用于估算土的变形参数。如原铁道部《静力触探技术规则》（TBJ 37—1993）就提出过采用比贯入阻力估算砂土压缩模量的经验关系，如表5-6所示。

按照比贯入阻力 p_s 确定的砂土压缩模量 E_s 表5-6

p_s（kPa）	E_s（MPa）	p_s（kPa）	E_s（MPa）
500	$2.6 \sim 5.0$	2000	$6.0 \sim 9.2$
800	$3.5 \sim 5.6$	3000	$9.0 \sim 11.5$
1000	$4.5 \sim 6.0$	4000	$11.5 \sim 13.0$
1500	$5.5 \sim 7.5$	5000	$13.0 \sim 15.0$

（6）按照贯入阻力确定地基土的承载力。用静力触探试验资料确定地基承载力，国内外都有相关的经验公式问世。总体的思路是以静力触探试验成果与荷载试验成果比较，通过相关分析得到特定地区或者特定土性的经验公式。例如表5-7是《岩土工程试验监测手册》（中国建筑工业出版社，2005）所列出的不同单位得到的不同地区黏性土的地基承载力经验公式。对于砂性土则采用表5-8所列经验公式。

黏性土静力触探与地基承载力经验公式 表5-7

序号	公 式	适用范围（MPa）	公 式 来 源
1	$f_0 = 183.4\sqrt{p_s} - 46$	$0 < p_s < 5$	原铁道第三勘察设计院集团有限公司
2	$f_0 = 17.3p_s + 159$	北京地区老黏性土	原北京市勘察处
	$f_0 = 114.8 \lg p_s + 124.6$	北京地区新近代土	
3	$f_0 = 249 \lg p_s + 157.8$	$0.6 < p_s < 4$	原四川省综合勘察设计院
4	$f_0 = 17.3p_s + 159$	无锡地区，$p_s = 0.3 \sim 0.5$	原无锡市建筑设计研究院
5	$f_0 = 1167p_s^{0.387}$	$0.24 < p_s < 2.53$	天津市建筑设计院
6	$f_0 = 87.8p_s + 24.36$	湿陷性黄土	原陕西省综合勘察院
7	$f_0 = 98q_c + 19.24$	黄土地基	机械工业勘察设计研究院
8	$f_0 = 44p_s + 44.7$	平川型新近堆积黄土	机械工业勘察设计研究院
9	$f_0 = 90p_s + 90$	贵州地区红黏土	贵州省建筑设计院
10	$f_0 = 112p_s + 5$	软土，$0.085 < p_s < 0.9$	原铁道部（1988）

砂土静力触探承载力经验公式　　　　　　表 5-8

序号	公　　式	适用范围(MPa)	公 式 来 源
1	$f_0 = 20p_s + 59.5$	粉细砂，$1 < p_s < 15$	用静力触探测定砂土承载力
2	$f_0 = 91.7\sqrt{p_s} - 23$	水下砂土	原铁道第三勘察设计院集团有限公司
3	$f_0 = (25 - 33)q_c$	砂土	国外

（7）在桩基勘察中的应用。

静力触探机理和桩的作用机理类似，静力触探试验相当于沉桩的模拟试验。因此，它很早就被应用于桩基勘察中。用静力触探成果计算单桩承载力，效果特别良好；与用桩荷载试验求单桩承载力的方法相比，具有明显的优点。静力触探试验可以在每根桩位上进行，快速经济，简便有效；桩荷载试验笨重，成本高，周期长，而且只有在沉桩后才能做，试验数量非常有限，测试成本也远远高于静力触探试验。因此，静力触探在桩基勘察中得到了广泛应用。但两者还是有区别的，桩的表面较粗糙，桩的直径也大，沉桩时对桩周围土层扰动也大，桩在实际受力时，沉降量很小，沉陷速度很慢；而静力触探贯入速率较快。因此，要对静力触探成果之锥尖阻力和侧壁摩擦力加以修正后才能应用于桩基计算中。由于桩荷载试验求出的单桩承载力最可靠，所以将静力触探试验和桩荷载试验配合应用，互相验证，将会减少桩基费用。

应用静力触探法计算单桩极限承载力的方法已比较成熟，国内外有很多计算公式。

第三节　圆锥动力触探试验

一、概述

动力触探（Dynamic Penetration Test，简称 DPT）是利用一定的落锤能量，将一定尺寸、一定形状的探头打入土中，根据打入的难易程度（可用贯入度、锤击数或单位面积动贯入阻力来表示）判定土层性质的一种原位测试方法，可分为圆锥动力触探和标准贯入试验两种。

圆锥动力触探是利用一定的锤击能量，将一定的圆锥探头打入土中，根据打入土中的阻抗大小判别土层的变化，对土层进行力学分层，并确定土层的物理力学性质，对地基土作出工程地质评价。通常以打入土中一定距离所需的锤击数来表示土的阻抗，也有以动贯入阻力来表示土的阻抗。圆锥动力触探的优点是设备简单、操作方便、工效较高、适应性广，并具有连续贯入的特性。对难以取样的砂土、粉土、碎石类土等，以及对静力触探难以贯入的土层，圆锥动力触探是十分有效的原位测试手段。而圆锥动力触探的缺点是不能采样并对土进行直接鉴别描述，试验误差较大，再现性差。

如将探头换为标准贯入器，则称标准贯入试验（Standard Penetration Test，简称 SPT）。

利用动力触探试验可以解决如下问题。

1. 划分不同性质的土层

当土层的力学性质有显著差异，且在触探指标上有显著反映时，可利用动力触探进行分层并定性地评价土的均匀性，检查填土质量，探查滑动带、土峒和确定基岩面或碎石土层的埋藏深度等。

2. 确定土的物理力学性质

确定碎石土、砂土的密实度和黏性土的状态,评价地基土和桩基承载力,估算土的强度和变形参数等。

二、试验基本原理

动力触探是通过落锤能量来实现贯入目的的,因此能量的核准甚为重要。一般动力触探的落锤理想能量 E 可按式(5-17)计算:

$$E = \frac{1}{2} \cdot \frac{W}{g} \cdot v^2 = \frac{1}{2}Mv^2 \tag{5-17}$$

式中: W ——锤的重力(N);

M ——锤的质量(kg);

v ——锤自由下落与探杆发生碰撞前的速度(cm/s)。

由于受落锤方式、导杆摩擦和锤击偏心等因素影响,实际中的锤击能比理论落锤能要小,需要折减计算,具体方法为:

$$E_1 = e_1 E \tag{5-18}$$

式中: E_1 ——实际锤击能量(J);

e_1 ——落锤的效率系数,自由落锤时可取0.92。

落锤碰撞探杆后输入探杆的能量 E_2 ,还进一步受打头材料、形状和大小控制,可用下式计算:

$$E_2 = e_2 E_1 \tag{5-19}$$

式中: E_2 ——落锤碰撞探杆输入探杆的能量(J);

e_2 ——锤击能量输入效率系数(一般国内通用的大钢打头 $e_2 = 0.65$;小钢打头 $e_2 = 0.85 \sim 0.90$)。

在能量从探杆输入到探头的过程中,还会有进一步损失,探头实际得到能量的表述为:

$$E_3 = e_3 E_2 \tag{5-20}$$

式中: E_3 ——探头获得的能量(J);

e_3 ——杆长传输能量的效率系数,其取值可参考表5-9,总体而言, e_3 随杆长的增加而增大,当杆长超过10m时, $e_3 = 1.0$ 。

e_3 随杆长的经验取值   表5-9

杆长(m)	Seed(1985)	Skempton(1986)	杆长(m)	Seed(1985)	Skempton(1986)
	e_3 值			e_3 值	
<3	0.75	0.55	6 ~ 10	1.0	0.95
3 ~ 4	1.0	0.75	>10	1.0	1.0
4 ~ 6	1.0	0.85			

实际中,组合所有的效率系数,计算得到最终的探头获得能,即用以克服上覆土对探头

贯入阻力的有效能量 E_3：

$$E_3 = eE \tag{5-21}$$

式中：E_3——探头获得的能量(J)；

　　　e——综合传输能量比，$e = e_1 e_2 e_3$。

　　相应地，有如下能量守恒公式：

$$1000NE_3 = 1000NeE = R_d Ah \tag{5-22}$$

式中：N——贯入深度为 h 时的锤击数；

　　　R_d——探头单位面积上的动贯入阻力(kPa)；

　　　A——探头面积(cm^2)；

　　　h——探头贯入深度(cm)。

　　由此得到动贯入阻力为：

$$R_d = \frac{1000NeE}{Ah} = \frac{1000eE}{As} \tag{5-23}$$

式中：s——平均每击的贯入度，$s = h/N$。

　　综上可见，作为动力触探试验，锤击数很重要，反映了土层的动贯入阻力大小，而动贯入阻力与土层的种类、密实程度、力学性质有关。因此，实践中常采用贯入土层一定深度的锤击数作为动力触探的试验指标。

三、试验仪器设备

　　根据《岩土工程勘察规范》(GB 50021—2001)的规定，圆锥动力触探试验可分为轻型、重型和超重型三种类型。其规格和适用土类应符合表 5-10 的规定。

圆锥动力触探类型

表 5-10

类型		轻型	重型	超重型
落锤	锤的质量(kg)	10	63.5	120
	落距(cm)	50	76	100
探头	直径(mm)	40	74	74
	锥角(°)	60	60	60
探杆直径(mm)		25	42	50~60
指标		贯入30cm的读数 N_{10}	贯入10cm的读数 $N_{63.5}$	贯入10cm的读数 N_{120}
主要适用岩土		浅部的填土、砂土、粉土、黏质土	砂土、中密以下的碎石土、极软岩	密实和很密的碎石土、软岩、极软岩

　　不同类型的圆锥动力触探试验设备有一定的差别，但其组成基本相同，主要由触探头、触探杆以及穿心锤三部分组成。目前应用较多的是轻型和重型动力触探。图 5-8 列出了常用的动力触探设备的探头构成。

四、试验步骤与技术要求

(一)试验步骤

　　动力触探试验的部分步骤根据触探装置的类型不同而有所不同，具体如下所述。

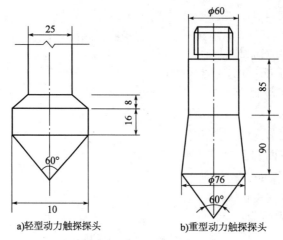

图 5-8　常用动力触探探头构成示意图(尺寸单位:mm)

1. 轻型动力触探(N_{10})

(1)先利用钻具钻孔到试验土层高柱以上 0.3m 处,再对试验土层进行连续触探。

(2)试验中,穿心锤的落距为(50 ± 2)cm,使其自由下落,将探头竖直打入土层中,每打入 30cm 的锤击数即为 N_{10}。

(3)有描述土层需要时,可将触探杆拔出,换上轻便钻头或专用勺钻进行取样。如需对下卧土层进行试验,可用钻具穿透坚实土层后再贯入。

(4)试验贯入深度一般限制在 4m 以内,若要更深,可清孔后继续贯入至多 2m。

(5)当 $N_{10} > 100$ 或贯入 15cm 超过 50 击时,可停止试验。

2. 重型动力触探($N_{63.5}$)

(1)试验前,将触探架安装平稳,保持触探孔垂直,垂直度偏差不超过 2%。

(2)试验时,使穿心锤自由下落,落距为(76 ± 2)cm。

(3)锤击速度控制在 15 ~ 30 击/min,尽量使打入过程连续,所有超过 5min 的间断都应在记录中予以注明。

(4)及时记录每贯入 10cm 的锤击数(一般是 5 击贯入量小于 10cm),亦可用下式所示,记录每一阵击贯入度 K ,然后再换算为每贯入 10cm 所需的锤击数 $N_{63.5}$。

$$N_{63.5} = \frac{10K}{S} \tag{5-24}$$

式中:K——阵击的锤击数,一般以 5 击为一阵击,土质较为松软时应少于 5 击;

$\quad\quad S$——阵击的贯入量(cm)。

(5)对于一般砂、圆砾、角砾和卵石、碎石土,触探深度不超过 12 ~ 15m,超过该深度时,需考虑触探杆的侧壁摩擦阻力影响。

(6)当连续 3 次 $N_{63.5} > 50$ 击时,即停止试验。若要继续触探,可考虑使用超重型动力触探。

(7)本试验也可与钻探交互进行,以减少侧壁摩擦影响。

3. 超重型动力触探(N_{120})

(1)贯入时应使得穿心锤自由下落,地面上触探杆高度不宜过高、过大。

（2）贯入过程应尽量连续,锤击速度宜控制在 15～25 击/min。

（3）贯入深度一般不宜超过 20m。

（二）技术要求

（1）采用自动落锤装置。

（2）触探杆最大偏斜度不应超过 2%,锤击贯入应连续进行;同时防止锤击偏心、探杆倾斜和侧向晃动,保持探杆垂直度;锤击速率每分钟宜为 15～30 击;

（3）每贯入 1m,宜将探杆转动一圈半;当贯入深度超过 10m,每贯入 20cm 宜转动探杆一次;

（4）对轻型动力触探,当 $N_{10} > 100$ 或贯入 15cm 锤击数超过如 50 时,可停止试验;对重型动力触探,当连续三次 $N_{63.5} > 50$ 时,可停止试验或改用超重型动力触探。

五、试验资料整理

1. 根据各种影响因素进行击数修正,计算锤击数

轻型动力触探以探头在土中贯入 30cm 的锤击数确定贯入击数值,重型和超重型都是以贯入 10cm 的锤击数来确定贯入击数值的。现场试验记录的可能是一阵击贯入度和相应锤击数,此时需要进行贯入度的换算以及影响因素的修正。其中一些主要的影响因素修正方法如下:

（1）杆长校正。轻型动力触探深度浅,杆长较短,不做杆长校正。

重型动力触探杆长超过 2m、超重型动力触探杆长超过 1m 时,按照下式进行杆长校正:

$$N_{63.5} = \alpha N \tag{5-25}$$

式中:$N_{63.5}$ ——经杆长校正后的锤击数;

N ——实测动力触探锤击数;

α ——杆长校正系数。见表 5-11。

杆长校正系数 α 值 表 5-11

杆长（m）　　N	≤2	4	6	8	10	12	14	16	18	20	22
≤1	1.0	0.98	0.96	0.93	0.90	0.87	0.84	0.81	0.78	0.75	0.72
5	1.0	0.96	0.93	0.90	0.86	0.83	0.80	0.77	0.74	0.71	0.68
10	1.0	0.95	0.9	10.87	0.83	0.79	0.76	0.73	0.70	0.67	0.64
15	1.0	0.94	0.89	0.84	0.80	0.76	0.72	0.69	0.66	0.63	0.60
20	1.0	0.90	0.85	0.81	0.77	0.73	0.69	0.66	0.63	0.60	0.57

（2）侧壁影响校正。

①轻型动力触探试验:可不考虑侧壁影响的校正。

②重型动力触探试验:对于砂土和松散至中密程度的圆砾、卵石以及触探深度在 1～15m 范围内时,一般可不考虑侧壁摩擦影响,不做校正。

（3）地下水位影响的校正。对于地下水位以下的中、租、砾砂以及圆砾、卵石,重型动力触探的锤击效应按照下式进行校正:

$$N_{63.5} = 1.1N'_{63.5} + 1.0 \tag{5-26}$$

式中：$N_{63.5}$——经地下水影响校正后的锤击数；

$N'_{63.5}$——未经地下水影响校正而经触探杆长度影响校正后的锤击数。

（4）上覆压力的影响。对一定相对密实度的砂土，锤击数在一定深度范围内，随着贯入深度的增加而增大，超过这一深度后趋于稳定值。对一定颗粒组成的砂土，锤击数、相对密实度和上覆压力之间存在如下关系：

$$\frac{N}{D_r^2} = a + b\sigma'_v \tag{5-27}$$

式中：D_r——砂土的相对密实度；

σ'_v——有效上覆压力（kPa）；

a、b——经验系数，随着砂土的颗粒组成不同而变化。

2. 计算动贯入阻力

由于锤击数是由不同触探参数得到的，并不利于相互比较，而其量纲也无法与其他物理力学指标共同计算，故近年来多用动贯入阻力来替代锤击数作为动力触探的指标。

常见的动贯入阻力的计算公式有荷兰公式、格尔谢万诺夫公式、海利公式等。其中荷兰公式目前在国内外应用最广，并为我国《岩土工程勘察规范》（GB 50021—2001）和水利部《土工试验规程》（SL 237—1999）等规范所推荐。

荷兰公式建立在古典牛顿碰撞理论基础上，其基本假定为：绝对的非弹性碰撞. 即碰撞后杆与锤完全不能分开；完全不考虑弹性变形能量的消耗。因此应用时有以下限制：

（1）每击贯入度在 2～50mm 之间。

（2）触探深度一般不超过 12m。

（3）触探器质量与落锤质量之比不大于 2。

荷兰公式具体表述如下：

$$R_d = \frac{Q}{Q+q} \cdot \frac{QgH}{As} \tag{5-28}$$

式中：R_d——动力触探动贯入阻力（N/m^2）；

Q——锤质量（kg）；

q——触探器总质量（含探头、触探杆和锤座等）（kg）；

H——落锤高度（m）；

g——重力加速度（N/kg）；

A——探头截面面积（m^2）；

s——每击贯入度，用以计算该值的总击数 N 要根据前述方法，考虑各种因素予以修正后得到（m）。

3. 绘制动力触探曲线划分土层界限

将经过校正后的锤击数 N 或动贯入阻力 R_d 建立与贯入深度 h 的联系，绘制相关关系曲线，如图 5-9 所示，触探曲线可绘成直方图形式。根据触探曲线的形态，结合钻探资料，进行地基土的力学分层。

分层时应考虑触探的界面效应，即下卧层的影响。一般由软层进入硬层时，分层界线可选在软层最后一个小值点以下 0.1~0.2m 处;由硬层进入软层时,分界线可定在软层第一个小值点以下 0.1~0.2m 处。

4.计算每个土层的贯入指标平均值

首先按单孔统计各层动贯入指标平均值,统计时应剔除超前和滞后影响范围以及个别指标异常值。然后根据各孔分层贯入指标平均值,用厚度加权平均法计算场地分层平均贯入指标。

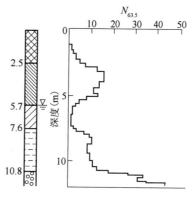

图 5-9 N-h 关系曲线

六、工程应用

1.评价无黏性地基土的相对密实度

根据我国《建筑地基基础设计规范》(GB 50007—2011),可以用重型圆锥动力触探的锤击数 $N_{63.5}$、N_{120} 评定碎石土的密实度(表 5-12,表 5-13)。

碎石土密实度 表 5-12

锤击数 $N_{63.5}$	密实度	锤击数 $N_{63.5}$	密实度
$N_{63.5} \leq 5$	松散	$10 < N_{63.5} \leq 20$	中密
$5 < N_{63.5} \leq 10$	稍密	$N_{63.5} \geq 20$	密实

注:1.本表适用于平均粒径不大于50mm且最大粒径不超过100mm的卵石、碎石、圆砾、角砾。

2.表内 $N_{63.5}$ 为综合修正后的平均值。

碎石土密实度按 N_{120} 分类 表 5-13

超重型动力触探锤击数 N_{120}	密实度	超重型动力触探锤击数 N_{120}	密实度
$N_{120} \leq 3$	松散	$11 < N_{120} \leq 14$	密实
$3 < N_{120} \leq 6$	稍密	$N_{120} > 14$	很密
$6 < N_{120} \leq 11$	中密		

2.确定地基土承载力

地基土承载力的确定见表 5-14。

用动力触探 $N_{63.5}$ 确定地基基本承载力 表 5-14

击数平均值 $\overline{N}_{63.5}$	3	4	5	6	7	8	9	10	12	14
碎石土	140	170	200	240	280	320	360	400	470	540
中、粗、砾砂	120	150	180	220	260	300	340	380	—	—
击数平均值 $\overline{N}_{63.5}$	16	18	20	22	24	26	28	30	35	40
碎石土	600	660	720	780	830	870	900	930	970	1000

3.确定变形模量

摘自原冶金部建筑科学研究院和武汉冶金勘察公司资料。

对黏性土和粉土

$$E_0 = 5.488R_d^{1.468} \tag{5-29}$$

对填土

$$E_0 = 10(R_d - 0.56) \tag{5-30}$$

式中:E_0——变形模量(MPa);

R_d——动贯入阻力(MPa)。

4. 确定单桩承载力

动力触探无法实测地基土极限侧壁摩擦阻力,在桩基勘察时主要用于以桩端承力为主的短桩。我国沈阳、成都和广州等地区通过动力触探和桩静荷载试验的对比,利用数理统计得出了用动力触探指标来估算单桩承载力的经验公式,但应用范围都具有地区性。

沈阳市桩基试验研究小组在沈阳地区通过 $N_{63.5}$ 与桩荷载试验的统计分析,得到如下的经验关系:

$$p_a = 24.3\overline{N}_{63.5} + 365.4 \tag{5-31}$$

式中:p_a——单桩竖向承载力特征值(kN);

$\overline{N}_{63.5}$——由地面至桩尖范围内平均每10cm修正后的锤击数。

广东省建筑设计研究院在广州地区通过现场打桩资料和动力触探的对比,找出桩尖持力层桩的锤击数和动力触探锤击数的关系以及桩的总锤击数与动力触探的总锤击数的关系,推算出的单桩竖向承载力的估算公式如下:

对大桩机

$$p_a = \frac{QH}{9(0.15 + e)} + \frac{QH(2N_{63.5})}{1200} \tag{5-32}$$

对中桩机

$$p_a = \frac{QH}{8(0.15 + e)} + \frac{QH(2N_{63.5})}{4500} \tag{5-33}$$

式中: p_a——单桩竖向承载力特征值(kN);

Q——打桩机的锤重(kN);

H——打桩机锤的落距(cm);

e——打桩机最后30锤平均每一锤的贯入度(cm),$e = 10/(3.5N'_{63.5})$;

$N'_{63.5}$、$N_{63.5}$——重型圆锥动力触探在持力层的锤击数和总锤击数。

5. 用于地基加固质量检验

动力触探可用于下列地基加固方法的质量检验:

(1)碎石桩、砂桩。

(2)强夯。

(3)灰土桩。

(4)水泥土桩。

(5)深层搅拌桩。

(6)预制排水固结桩等。

第四节　标准贯入试验

一、概述

标准贯入度试验(Standard Penetration Test,简称 SPT)自 1902 年创立,并于 20 世纪 40~50 年代被推广以来,是目前在国内外应用最为广泛的一种地基现场原位测试技术。

从原理上而言,标准贯入度试验也是动力触探试验的一种。只是其探头不是圆锥探头,而是标准规格的圆筒形探头(由两个半圆筒合成的取土器),称之为贯入器。其是利用抛 63.5kg 的穿心锤,以 76cm 的自由落距,将贯入器打入土中,用贯入 30cm 的锤击数 N 判定土体的物理力学性质。

标准贯入度试验主要适用于砂土和黏性土,不能用于碎石类土和岩层。其可以用来判定砂土的密实度或黏土的稠度,以确定地基土的容许承载力;可以评定砂土的振动液化势和估计单桩承载力;并可确定土层剖面和取扰动土样进行一般物理性试验以及用于岩土工程地基加固处理设计及效果检验。

二、试验基本原理

标准贯入度试验(以下简称标贯试验)采用的击锤是(63.5±0.5)kg 的穿心锤,以(76±2)cm 的落距,将一定规格的标准贯入器打入土中 15cm,再打入 30cm,最后以此打入 30cm 的锤击数作为标贯试验的指标,即标准贯入击数 N。一般情况下,承载力与 $N_{63.5}$ 成正比,因此通过 N,就能结合相关经验对工程指标做出评价。

标贯试验与动力触探试验在原理上十分相似,而其主要区别,除评价土性的方法外,主要是探头形式和结构上的差异。标贯试验的探头部分称为贯入器,是由取土器转化而来的开口管桩空心探头。在贯入过程中,由整个贯入器对端部和周围土体产生挤压和剪切作用,同时由于贯入器中间是空心的,部分土要挤入,加之试验是在冲击力作用下进行,工作条件和边界条件非常复杂,故而对标贯试验的研究成果,至今尚未有严格理论解释。

三、试验仪器设备

标贯试验设备装置主要由贯入探杆、穿心锤[(63.5±0.5)kg]、贯入器(长 810mm、内径 35mm、外径 51mm)、锤垫、导向杆及自动落锤装置等几部分组成。其基本构型如图 5-10 所示。目前我国国内的标贯设备与国际标准一致,其设备规格见表 5-15。

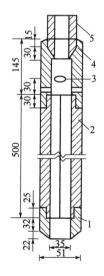

图 5-10　标准贯入试验设备(单位:mm)
1-贯入器靴;2-贯入器身;3-出水孔;
4-贯入器头;5-触探杆

标贯试验设备规格　　　　　　　　　　　　表 5-15

试 验 设 备		规 格		试 验 设 备		规 格	
落锤		锤质量(kg)	63.5	贯入器	管靴	长度(cm)	50~76
		落距(cm)	76			刃口角度(°)	18~20
贯入器	对开管	长度(mm)	>500			刃口单刃厚度(mm)	2.5
		外径(mm)	51	钻杆		直径(mm)	42
		内径(mm)	35			相对弯度	<1/1000

四、试验步骤与技术要求

1. 试验步骤

(1)钻探成孔。钻孔时,为了防止扰动底土,宜采用回转钻进法,并保持孔内水位略高于地下水位。钻孔至试验土层高程以上 15cm 处停钻,清除孔底虚土和残土,同时为防止孔中发生流沙或塌孔,必要时可采用泥浆或套管护壁。如果是水冲钻进,应采用侧向水冲钻头,而不能用底端向下水冲钻头,以便孔底土尽可能少扰动。一般的钻孔直径 63.5~150mm之间。

(2)贯入准备。贯入器贯入前,要检查探杆与贯入器的接头是否已经连接稳妥,再将贯入器和探杆放入孔内,并量得其深度尺寸。注意保持导向杆、探杆和贯入器的轴线在同一铅垂线上,保证穿心锤垂直施打。

(3)贯入操作。开始标贯试验时,先将整个杆件系统连同静置于钻杆顶端的锤击系统共同下落到孔底部。穿心锤范距为 76cm,一般采用自动落锤装置,贯入速率为 12~30 击/min,并记录锤击数。

具体分两步进行贯入:先打入 15cm,不计锤击数,再打入土中 30cm,记录此过程中,每打入 10cm 的锤击数以及打入 30cm 的累计锤击数。此 30cm 的累计锤击数即为标准贯入击数 N。

贯入器打入土中 15cm 后,开始记录每打入 10cm 的锤击数,累计打入 30cm 的锤击数为标准贯入试验锤击数 N。当锤击数已达 50 击,而贯入深度未达 30cm 时,可记录 50 击的实际贯入深度,按下式换算成相当于 30cm 的标准贯入试验锤击数 N,并终止试验。

$$N = 30 \times \frac{50}{\Delta s} \tag{5-34}$$

式中:Δs——50 击时的贯入度(cm)。

(4)土样描述。钻动探杆,提出贯入器并取出贯入器中的土样进行鉴别、描述和记录,必要时送试验室分析。

(5)重复试验。如果需要进行下一深度的试验,重复上述步骤。

2. 技术要求

根据《岩土工程勘察规范》(GB 50021—2001),标准贯入试验技术要求应符合下列规定:

(1)标推贯入试验孔采用回转钻进,并保持孔内水位略高于地下水位。当孔壁不稳定时,可用泥浆护壁,钻至试验高度以上 15cm 处,清除孔底残土后再进行试验。

（2）采用自动脱钩的自由落锤法进行锤击，并减小导向杆与锤间的摩阻力，避免锤击时的偏心和侧向晃动，保持贯入器、探杆、导向杆联接后的垂直度，锤击速率应小于 30 击/min。

（3）标准贯入试验成果 N 可直接标在工程地质剖面图上，也可绘制单孔标准贯入击数 N 与深度关系曲线或直方图。统计分层标贯击数平均值时，应剔除异常值。

（4）标准贯入试验锤击数 N 值，可对砂土、粉土、黏性土的物理状态，土的强度、变形参数、地基承载力、单桩承载力，砂土和粉土的液化，成桩的可能性等做出评价。应用 N 值时是否修正和如何修正，应根据建立统计关系时的具体情况确定。

五、试验资料整理

1. 影响因素修正

标贯试验中，影响标准贯入击数的因素很多，例如钻孔孔底土的应力状态、锤击能量的传递、贯入器的规格以及标准贯入击数本身根据土质等的修正等。在进行标贯成果的应用前，需要根据各种因素对标准贯入击数进行修正，其中最为常见的是探杆长度和地下水影响的校正。

（1）探杆长度校正。杆长校正类似于动力触探试验原理中所述。考虑到传递能量随杆长的变化而变化，一般根据传统牛顿碰撞理论，能量随着杆长增加，杆件系统受锤击后作用于贯入土中的有效能量逐渐减少；但亦有一维杆件中应力波传播的弹性理论，认为标贯试验中，杆长若小于 10m，则杆长增加时，有效能量也在同步增加，而当杆长超过 10m 时，能量将趋向于定值。

目前国内部分规范，并未要求对探杆长度进行校正，如《建筑地基基础设计规范》（GB 50007—2011）。而《岩土工程勘察规范）（GB 50021—2001）规定，N 值是否校正和如何校正，应根据建立统计关系时的具体格况而定。

（2）地下水影响的校正。交通部《水运工程岩土勘察规范）（JTS 133—2013）规定，当采用 N 确定相对密实度 D_r 以及内摩擦角 φ 时，对地下水位以下的中、粗砂层的 N 值可按下式进行校正：

$$N = N' + 5 \tag{5-35}$$

式中：N'——实测的锤击数；

$\qquad N$——校正后的锤击效。

另外，Terzaghi 和 Peck 在 1953 年提出，针对 d_{10} 介于 0.05mm 和 0.1mm 之间的饱和粉细砂，当密度大于临界孔隙比（或 $N' > 15$）时，可按下式对锤击数进行校正：

$$N = 15 + \frac{N' - 15}{2} \tag{5-36}$$

2. 基本成果整理

（1）标贯试验成果整理时，试验资料应齐全，包括钻孔孔径、钻进方式、护孔方式、落锤方式、地下水位以及孔内水位（或泥浆高程）、初始贯入度、预打击数、试验标准贯入击数以及贯入深度、贯入器取得的扰动土样鉴别描述。对于已进行锤击能量标定试验的，应有 $F(t)$-t

曲线。

（2）绘制标准贯入击数 N 与土层深度的关系曲线。可在工程地质剖面图上，在进行标贯试验的试验点深度处标出标准贯入击数 N 值，也可单独绘制标准贯入击数 N 与试验点深度的关系曲线。作为勘察资料提供时，对 N 无须进行前述的杆长校正、上覆压力校正或地下水校正等。

（3）结合钻探资料以及其他原位试验结果，根据 N 值在深度上的变化，对地基土进行分层，对各土层 N 值进行统计。统计时，需要剔除个别异常数值。

六、工程应用

标贯试验参数在实际工程设计中应用很多，例如：查明场地的地层剖面和各地层在垂直和水平方向的均匀程度以及软弱夹层，确定地基土的承载力、变形模量、物理力学指标以及建筑物设计时所需的参数；预估单桩承载力和选择桩尖持力层；进行地基加固处理效果的检验和施工监测；判定砂土的密实度、黏性土的稠度、判别砂土和粉土地震液化的可能性等，下面就介绍一些比较常见的应用。

1.砂土的密实度和内摩擦角的确定

砂土的强度指标一般与密实度有关，因此通过标贯试验，可以对砂土密实度和内摩擦角进行确定，对于不含碎石和卵石的砂土，其密实度和内摩擦角，可参考表 5-16 和表 5-17确定。

N 值推算砂土的密实度 表 5-16

N	$N \leqslant 10$	$10 < N \leqslant 15$	$15 < N \leqslant 30$	$N > 30$
密实度	松散	稍密	中密	密实

N 值推算砂土的内摩擦角 表 5-17

研究者	N				
	< 4	4 ~ 10	10 ~ 30	30 ~ 50	> 50
Peck	< 28.5°	28.5° ~ 30°	30° ~ 36°	36° ~ 41°	> 41°
Meyerhof	< 30°	30° ~ 35°	35° ~ 40°	40° ~ 45°	> 45°

2.地基承载力的确定

根据标贯试验与荷载试验资料对比以及回归统计分析，可得到地基承载力与标准贯入击数的关系。我国早期规范《建筑地基基础设计规范》（GBJ 7—1989）曾给出黏性土和砂土地基的承载力标准值与标准贯入击数的经验关系，见表5-18 和表5-19。由于这些经验关系具有明显的地区特性，在全国范围内不具有普遍意义，因此并未纳入《建筑地基基础设计规范》（GB 50007—2011）中，读者在参考这些表格时，应结合当地实际工程经验进行综合分析。

黏性土地基承载力标准值 f_k 与标准贯入击数 N 的关系 表 5-18

N	3	5	7	9	11	13	15	17	19	21	23
f_k(kPa)	105	145	190	235	280	325	370	430	515	600	680

砂土地基承载力标准值 f_k 与标准贯入击数 N 的关系　　　　表 5-19

N 土类	10	15	30	50
中、粗砂	180kPa	250kPa	340kPa	500kPa
粉、细砂	140kPa	180kPa	250kPa	340kPa

此外,由于标贯试验数据的离散性较大,仅凭单孔资料是不能评价承载力的。一般确定承载力时,用于计算的标准贯入击数,需通过下式,由多孔平均标准贯入击数值进行修正:

$$N = \bar{N} - 1.645\sigma \tag{5-37}$$

式中:N——用于计算的标准贯入击数;

　　　$\bar{N}$——实测平均贯入击数;

　　　σ——实测击数的标准差。

3. 土体变形参数的确定

采用标贯试验估算土的变形参数通常有两种方法,其一是与平板荷载试验对比得到;其二是与室内压缩试验对比,将对比结果经过回归分析,得到如表 5-20 所示的变形参数(E_0 为变形模量,E_s 为压缩模量)与标准贯入击数的经验关系。

N 与 E_0、E_s(MPa)的经验关系　　　　表 5-20

单　位	关　系　式	适　用　土　类
原冶金部武汉勘察研究院	$E_s = 1.04N + 4.89$	中南、华东地区黏性土
湖北省水利水电勘测设计院	$E_0 = 1.066N + 7.431$	黏性土、粉土
武汉市城市规划设计研究院	$E_0 = 1.41N + 2.62$	武汉地区黏性土、粉土

4. 估算单桩承载力和选择桩尖持力层

早期的规范,对于标准贯入击数与应用参数间都给出了较多的数量联系,而现在一般认为由于中国区域过广,依靠单一地区的土层经验资料来全面预测,有失偏颇,因此现有规范中对上述关系都有所取消。例如对单桩承载力而言,《岩土工程勘察规范》(GB 50021—2001)和《建筑地基基础设计规范》(GB 50007—2011)都没有列出采用标准贯入击数来确定单桩承载力的关系表,但在某些特定的区域,土质的标贯试验参数与单桩承载力间是可以建立一定的关系的。例如北京市勘察设计研究院提出的单桩承载力经验公式为:

$$Q_u = p_b A_p + (\sum p_{fc} L_e + \sum p_{fs} L_s) U + C_1 - C_2 x \tag{5-38}$$

式中:Q_u——单桩承载力(kPa);

　　　p_b——桩尖以上和以下 4 倍桩径范围内 N 平均值换算的桩极限承载力(kPa),见表 5-21;

　　　p_{fc}、p_{fs}——桩身范围内黏性土、砂土 N 值换算的极限桩测阻力(kPa),见表 5-21;

　　　L_e、L_s——黏性土层、砂土层的桩段长度(m);

　　　U——桩截面周长(m);

　　　A_p——桩截面积(m²);

　　　C_1——经验参数(kN),见表 5-22;

　　　C_2——孔底虚土折减系数(kN/m),取 18.1;

x——孔底虚土厚度,预制桩取 $x=0$;当虚土厚度大于 0.5m 时,取 $x=0.5$,而端承力取 0。

N 与 p_{fc}, p_{fs} 和 p_b 的关系表　　　　表 5-21

N		1	2	4	8	12	14	20	24	26	28	30	35
预制桩	p_{fc}	7	13	26	52	78	104	130	—	—	—	—	—
	p_{fs}	—	—	18	36	53	71	89	107	115	124	133	155
	p_b	—	—	440	880	1320	1760	2200	2640	3080	3300	3850	
钻孔灌注桩	p_{fc}	3	6	10	25	37	50	62	—	—	—	—	—
	p_{fs}	—	7	13	26	40	53	66	79	86	92	99	116
	p_b	—	—	110	220	330	450	560	670	720	780	830	970

经验参数 C_1 取值　　　　表 5-22

桩型	预制桩		钻孔灌注桩
土层条件	桩周有新近堆积土	桩周无新近堆积土	桩周无新近堆积土
C_1(kN)	340	150	180

5. 地基土液化可能性的判别

采用标贯试验对饱和砂土、粉土的液化进行判别的基本原理相同,但不同规范对此描述有所差异。

《建筑抗震设计规范》(GB 50011—2010)提出当饱和砂土、粉土的初步判别认为需要进一步进行液化判别时,应采用标贯试验判别地面以下 20m 深度范围内土的液化。

在地面以下 20m 深度范围内,液化判别标准贯入击数临界值 N_{cr},可按下式计算:

$$N_{cr} = N_0\beta\left[\ln(0.6d_s + 1.5) - 0.1d_w\right]\sqrt{\frac{3}{\rho_c}}　　　　(5-39)$$

式中:N_{cr}——液化判别标准贯入击数临界值;

N_0——液化判别标准贯入击数基准值,按表 5-23 取用;

d_s——标贯试验深度(m);

d_w——地下水最高水位(m);

ρ_c——黏粒含量百分率(%),当 ρ_c 小于 3 或者为砂土时,取 $\rho_c=3$;

β——调整系数,设计地震第一组取 0.80,第二组取 0.95,第三组取 1.05。

当未经杆长校正的标准贯入击数实测值 N 小于 N_{cr} 时,判别为液化土。

对应地震烈度的标准贯入击数基准值 N_0　　　　表 5-23

近远震	烈　度			近远震	烈　度		
	7	8	9		7	8	9
近震	6	10	16	远震	8	12	—

而对存在液化可能的地基,需要进一步探明各液化土层深度和厚度,并按照式(5-40)进行液化指数计算:

$$I_L = \sum_{i=1}^{n}\left(1 - \frac{N_i}{N_{cr,i}}\right)d_i w w_i　　　　(5-40)$$

式中：I_L——液化指数，对照该值，根据表 5-24 对土体的液化等级进行判别；

     n——15m 深度范围内标贯试验点总数；

N_i、$N_{cr,i}$——第 i 点标准贯入击数的实测值和临界值，当实测值大于临界值时，取临界值；

     d_i——第 i 点代表土层的厚度（m），一般可采用与该标贯试验点相邻的上下两试验点深度差的一半，但上界不小于地下水位深度，下界不大于液化深度；

     w_i——第 i 土层考虑单位土层厚度的层位影响权函数值，m^{-1}，当该层中点深度不大于 5m 时，取 $w_i = 10$；等于 15m 时，取 $w_i = 0$；在 1~15m 之间时用线性插值。

液 化 等 级 判 别　　　　　　　　　　　　表 5-24

液 化 指 数	液 化 程 度	液 化 指 数	液 化 程 度
$0 < I_L \leqslant 5$	轻微	$I_L > 15$	严重
$5 < I_L \leqslant 15$	中等		

第五节　十字板剪切试验

一、概述

十字板剪切试验（Vane Shear Test）是将插入软土中的十字板头，以一定的速率旋转测出土的抵抗力矩，从而换算其土的抗剪强度。

《岩土工程勘察规范》（GB 50021—2001）规定：十字板剪切试验可用于原位测定饱和软黏土（$\varphi_u = 0$）的不排水总强度和估算软黏土的灵敏度。试验深度一般不超过 30m。为测定软黏土不排水抗剪强度随深度的变化，十字板剪切试验的布置，对均质土试验点竖向间距可取 1m，对非均质或夹薄层粉细砂的软黏土可根据静探等资料确定。

目前国内使用的十字板有两种：机械式和电测式。机械式十字板每做一次剪切试验要清孔，费工费时，工效低。电测式十字板克服了机械式十字板的缺点，工效高，测试精度较高。

对饱和软黏性土现场十字板剪切试验应采用电测式，宜选用轻型链式十字板静力触探两用仪与静态电阻应变仪配套使用。

十字板剪切试验抗剪强度的测定精度应达到 1~2kPa。

二、试验基本原理

十字板剪切仪的试验示意图如图 5-11 所示。其原理是利用十字板旋转，在上、下两面和周围侧面上形成剪切带。使得土体剪切破坏，测出其相应的极限扭力矩。然后，根据力矩的平衡条件，推算出圆柱形剪切破坏面上土的抗剪强度。

具体而言，测试时，先将十字板插到要进行试验的深度，再在十字板剪切仪上端的加力架上以一定的转速施加扭力矩，使板头内的土体与其周围土体产生相对扭剪。十字板剪切试验中土体受力示意图如图 5-12 所示，包括侧面所受扭矩和两个端面所受扭矩。其中十字板侧表面对土体的侧面产生的极限扭矩为：

$$M_1 = \pi DH \cdot \tau_f \frac{D}{2} = \tau_f \cdot \frac{\pi D^2 H}{2} \tag{5-41}$$

式中：M_1——十字板侧表面产生的极限扭矩（N·m）；

D——十字板板头直径（mm）；

H——十字板板头高度（mm）；

τ_f——十字板周侧土的抗剪强度（kPa）。

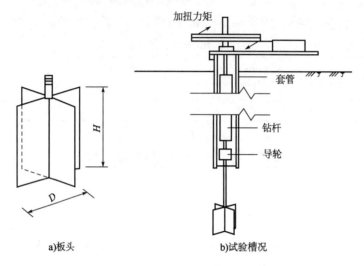

a)板头   b)试验槽况

图5-11 十字板剪切仪试验示意图

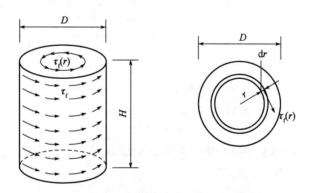

图5-12 十字板剪切试验中土体受力示意图

假设土体上、下面端面产生的极限扭矩相同，且场面上的剪应力在等半径处均匀分布，在轴心处为零，边界上最大。则上、下两端面极限扭矩之和为：

$$M_2 = 2 \times \int_0^{\frac{D}{2}} r \cdot \tau_f(r) 2\pi r dr \tag{5-42}$$

假设剪应力在横截面上沿半径呈指数关系分布，则

$$M_2 = 2 \times \int_0^{\frac{D}{2}} r \cdot \tau_f \left(\frac{r}{D/2}\right)^a 2\pi r dr = \frac{\pi \tau_f D^3}{2(a+3)} \tag{5-43}$$

式中：M_2——上、下两端面极限扭矩之和（N·m）；

D ——十字板板头直径(mm);

r ——上、下端面任意小于 $D/2$ 的土层半径(mm);

τ_f——上、下端面的抗剪强度(kPa);

a ——与圆柱上、下端面剪应力的分布有关的系数。当两端剪应力在横截面上为均匀分布时,取 $a=0$,若是沿半径呈线性三角形分布,则取 $a=1$;若是沿半径呈二次曲线分布,则取 $a=2$。

因此设备读出的总极限扭矩值:

$$M_{max} = M_1 + M_2 \tag{5-44}$$

故可得破坏时刻的极限剪应力值:

$$\tau_f = \frac{2M_{max}}{\pi D^3 \left(\dfrac{H}{D} + \dfrac{1}{a+3}\right)} \tag{5-45}$$

此外,对于黏土,类似三轴试验或直剪试验中的应力—应变曲线,在十字板剪切过程中也可能会出现强度峰值和残余强度,因此读数时 M_{max} 的值也会有两个。

最后,上述推导是基于圆柱两端面上的极限强度与侧面强度相等,如果考虑各向异性,则要取平均值。

三、试验仪器设备

(一)机械式十字板仪

试验仪器主要由下列四部分组成。

(1)测力装置:开口钢环式测力装置(图5-13)。

(2)十字板头:目前国内外多采用径高比为 $1:2$ 的标准型矩形十字板头,板厚宜为 $2\sim 3$mm。常用规格有 50mm $\times 100$mm 和 75mm $\times 150$mm 两种,前者适用于稍硬的黏性土。图5-14为十字板头。十字板头的插接方式有两种:离合式十字板头(图5-15)和牙嵌式十字板头(图5-16)。

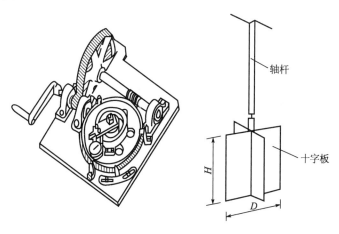

图 5-13 开口钢环测力装置　　　　图 5-14 十字板头

（3）轴杆：一般使用的轴杆直径为 20mm。

（4）设备：主要有钻机、秒表及百分表等。

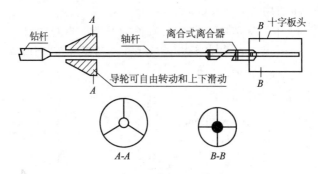

图 5-15　离合式板头导轮等装配示意图

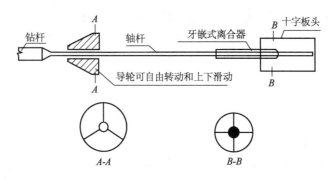

图 5-16　牙嵌式板头导轮等装配示意图

（二）电测式十字板剪切仪

（1）十字板头：总质量约 1kg，外形尺寸为 50mm×50mm×210mm。由十字板、扭力柱、测量电桥和套筒等组成（图 5-17）。

（2）回转系统：总质量约 9kg，外形尺寸为 250mm×210mm×170mm。由蜗轮、蜗杆、卡盘、摇把和插头等组成。

（3）加压系统、测量系统、反力系统与静力触探仪共用（图 5-18）。

四、技术要求

根据《岩土工程勘察规范》（GB 50021—2001）10.6.3 十字板剪切试验的主要技术要求应符合下列规定：

（1）十字板板头形状宜为矩形，径高比 1:2，板厚宜为 2~3mm。

（2）十字板头插入钻孔底的深度不应小于钻孔或套管直径的 3~5 倍。

（3）十字板插入至试验深度后，至少应静止 2~3min，方可开始试验。

（4）扭转剪切速率宜采用（1°~2°）/10s，并应在测得峰值强度后继续测记 1min。

（5）在峰值强度或稳定值测试完后，顺扭转方向连续转动 6 圈后，测定重塑土的不排水抗剪强度。

（6）对开口钢环十字板剪切仪，应修正杆与土间的摩阻力的影响。

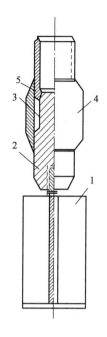

图 5-17　板头结构示意图
1-十字板;2-扭力柱;3-应变片;4-套筒;
5-出线孔

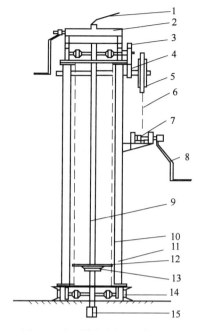

图 5-18　电测式十字板检测仪示意图
1-电缆;2-十字板剪切仪;3-大齿轮;4-小齿轮;5-大链轮;
6-链条;7-小链轮;8-摇把;9-探杆;10-链条;11-支架立
杆;12-伞形板;13-垫压块;14-槽钢;15-十字板头

五、试验步骤

1. 机械式十字板剪切试验

(1)在试验地点,用回转钻机开孔(不宜用击入法),下套管至预定试验深度以上 3～5 倍套管直径处。

(2)用螺旋钻或管钻清孔,在钻孔内虚土不宜超过 15cm。在软土钻进时,应在孔中保持足够水位,以防止软土在孔底涌起。

(3)将板头、轴杆、钻杆逐节接好,并用管钳上紧,然后下入孔内至板头与孔底接触。

(4)接上导杆,将底座穿过导杆固定在套管上,用制紧轴拧紧。将板头徐徐压至试验深度,管钻不小于 75cm,螺旋钻不小于 50cm。若板头压至试验深度遇到较硬夹层时,应穿过夹层再进行试验。

(5)上提导杆 2～3cm,使离合齿脱离,合上支爪,防止钻杆下沉。导杆装上摇把,快速转动 10 余圈,使轴杆摩擦力减小至最低值。

(6)打开支爪,顺时针方向徐徐转动摇把使板头离合齿吻合,合上支爪。

(7)套上传动部件,转动底板使导杆键槽与钢环固定夹键槽相对正,用锁紧轴将固定套与底座锁紧,再转动摇手柄使特制键自由落入键槽,将指针对准任一整数刻度,装上百分表并调整到零。

(8)试验开始,开动秒表,同时转动摇把,以 1°/10s 的转速转动,每转 1°测记百分表读数一次。当测记读数出现峰值或读数稳定后,再继续测记 1min,其峰值或稳定读数即为原状土剪切破坏时百分表最大读数 ε_y (0.01mm)。最大读数一般在 3 ~ 10min 内出现。

(9)逆时针方向转动摇把,拔下特制键,导杆装上摇把,顺时针方向转动 6 圈,使板头周围土完全扰动,然后插上特制锤,按步骤(8)进行试验,测记重塑土剪切破坏时百分表最大读数 ε_e (0.01mm)。

(10)拔下特制键和支爪,上提导杆 2 ~ 3cm,使离合齿脱离;再插上支爪和特制键,转动摇把,测记土对轴杆摩擦时百分表稳定读数 ε_g (0.01mm)。

(11)试验完毕,卸下传动部件和底座,在导杆吊孔内插入吊钩,逐节取出钻杆和板头,清洗板头并检查板头螺栓是否松动,轴杆是否弯曲。若一切正常,便可按上述步骤继续进行试验。

2.电测式十字板剪切试验

(1)选择十字板尺寸:对浅层软黏土可用 75mm × 150mm 的十字板;对稍硬的土层可用 50mm × 100mm 的十字板。

(2)将十字板安装在电阻应变式板头上,并与轴杆电缆、应变仪接通。

(3)按静力触探的方法,把电阻应变式十字板贯入到预定试验深度处。

(4)使用回转部分的卡盘卡住轴杆。

(5)用摇把慢慢匀速地回转蜗杆、蜗轮,在 3 ~ 5min 内达到最大应变值。摇把每转一圈读数一次,直到剪损(即读取最大微应变值)后,仍继续读数 1min。

(6)完成上述试验后,用摇把将轴杆连续转 6 圈,然后重复步骤(5)的操作即得重塑土剪损时的最大微应变值。

(7)完成一次试验后,松开卡盘,用静力触探的方法继续下压至下一试验深度,重复上述步骤(3) ~ (6)继续进行试验。

(8)一孔的试验完成后,按静力触探的方法上拔轴杆,取出十字板头,清理干净下次再用。

六、试验资料整理

(1)计算土的抗剪强度:

$$c_u = 10k \cdot c(R_y - R_g) \tag{5-46}$$

式中: c_u ——土的不排水抗剪强度(kPa);

c ——钢环系数(N/mm);

R_y ——原状土剪损时量表最大读数(mm);

R_g ——轴杆与土摩擦时量表最大读数(mm);

k ——十字板常数(cm^{-2}),可按式(5-47)计算或采用表 5-25 中的数据。

$$k = \frac{2R}{\pi D^2 \left(\dfrac{D}{3} + H \right)} \tag{5-47}$$

式中: R ——转盘半径,即钢环率定时的力臂(cm);

D ——十字板头直径(m);

H ——十字板头高度(m)。

十字板规格及十字板常数 k 值

表 5-25

十字板规格 $D \times H$ (mm)	十字板头尺寸(mm)			转盘半径 (mm)	十字板常数 k (cm^{-2})
	直径 D	高度 H	厚度 B		
50×100	50	100	$2 \sim 3$	200 250	0.0435 0.0544
50×100	50	100	$2 \sim 3$	210	0.0459
75×150	50	150	$2 \sim 3$	200 250	0.0129 0.0162
75×150	50	150	$2 \sim 3$	210	0.0136

（2）计算重塑土抗剪强度：

$$c'_u = 10k \cdot C(R_c - R_g) \tag{5-48}$$

式中：c'_u——重塑土的不排水抗剪强度（kPa）；

R_c——重塑土剪损时量表最大读数（mm）。

（3）计算土的灵敏度：

$$S_t = \frac{c_u}{c'_u} \tag{5-49}$$

（4）绘制抗剪强度与试验深度的关系曲线，以了解土的抗剪强度随深度的变化规律。

（5）绘制抗剪强度与转角的关系曲线，以了解土的结构性和受剪时的破坏过程。

七、影响因素

1.十字板头的旋转速率

测试实践表明，旋转速率对测试结果影响很大。剪切（旋转）速率越大，抗剪强度也越大，反之亦反。因此，应该规定一个统一的旋转速率。目前，国内外大多采用 $1°/10s$ 的旋转速率。对于一般软黏土，其最大抗剪强度多出现在十字板旋转角度为 $20° \sim 30°$ 之间，所用时间相应为 $3 \sim 5min$，基本上属于不排水剪切试验，所求出的抗剪强度为不排水抗剪强度。

2.土的各向异性

土的各向异性主要是由土层的成层性和土中应力状态不同引起的。在推求土的十字板抗剪强度的公式中，假定破坏圆柱体的侧面和顶底面的土的抗剪强度相等，但实际上是不相等的。

3.十字板头规格等

十字板头规格指的是十字板的形状、板厚及轴杆直径。

4.排水条件

十字板剪切测试测定的成果是土的不排水抗剪强度，相当于土的内摩擦角 $\varphi = 0°$ 时的黏聚力 c 值。

八、工程应用

在软土地基勘察中，十字板剪切测试应用十分广泛，其测试成果——土的野外十字板抗剪强度主要应用于以下方面。

1. 估算地基容许承载力

对于内摩擦角等于零的饱和软黏土，c_u 值可用来估算地基容许承载力 $[R]$。根据中国建筑科学研究院、华东电力设计院等单位的经验：

$$[R] = 2c_u + \gamma h \tag{5-50}$$

式中：γ ——基础底面以上土的重度；

h ——基础埋深。

2. 预估单桩承载力

欧美国家习惯用 c_u 预估黏性土，特则是饱和软黏土中单桩的极限端阻力 q_p，和极限侧摩阻力 q_f，其关系式如下：

$$q_p = 9c_u + \gamma h \tag{5-51}$$
$$q_f = \alpha c_u \tag{5-52}$$

式中：α ——经验系数，与土类、桩的尺寸及施工方法等有关。

梅耶霍夫(Meyerhof)等认为，对软黏土，$\alpha = 1$；对超固结黏性土，$\alpha = 0.5$。

3. 求软黏土灵敏度

软黏土的灵敏度是一个重要指标。它对判断土的成因、结构性、扰动因素等对软黏土强度的影响(如打桩，活荷载变化剧烈等)等是不可缺少的。在求软黏土灵敏度的方法中，应首推野外十字板剪切试验，所求指标可取，且方法简便、快速。

4. 地基稳定性分析

将十字板抗剪强度用于软土地基及其他软土填、挖方斜坡工程的稳定性分析与核算，是尤为普遍的。用十字板剪切仪可以测定软土中地基及边坡遭受破坏后的滑动面及滑动面附近土的抗剪强度，反算滑动面上土的强度参数，可为地基与边坡稳定性分析和确定合理的安全系数提供依据。

5. 地基加固改良效果的检验

在软土地基堆载预压处理过程中，可用十字板剪切试验测定地基强度的变化，用于控制施工速率及检验地基加固程度。

第六节　旁压试验

一、概述

旁压试验是利用圆柱形旁压器弹性膜在土中的扩张对周围土体施加均匀压力，测得压力与径向变形的关系，从而估算地基土的强度、变形等岩土工程参数。

旁压试验按将旁压器设置土中的方式可分为预钻式旁压试验、自钻式旁压试验和压入式旁压试验。

预钻式旁压试验是在土中预先钻一竖向钻孔，再将旁压器下入孔内试验标高处进行旁压试验。

自钻式旁压试验是在旁压器下端组装旋转切削钻头和环形刃具，用静压方式将其压入土中,同时用钻头将进入刃具的土破碎,并用泥浆将碎土冲带到地面。钻到预定试验位置后,由旁压器进行旁压试验。

压入式旁压试验又分为圆锥压入式和圆筒压入式两种试验方法。圆锥压入式是在旁压器的下端连接一圆锥,利用静力触探压力机,以静压方式将旁压器压到试验深度进行旁压试验。在压入过程中,对周围有挤土影响。圆筒式压入试验是在旁压器的下端连接一圆筒(下有开口)。在钻孔底以静压方式压入土中一定深度进行旁压试验。

本章主要介绍预钻式旁压试验,旁压器如图5-19所示,其旁压试验示意图如图5-20所示。

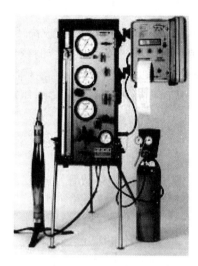

图5-19　旁压器

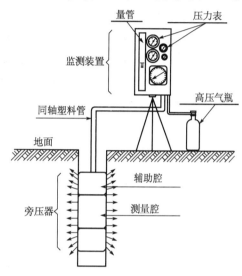

图5-20　旁压试验示意图

二、试验基本原理

旁压试验可理想化为圆柱孔穴扩张试验,典型的旁压曲线见图5-21。旁压曲线可分为三段:

AB 段:为初始段,反映孔壁扰动土的压缩。

BC 段:为似弹性阶段,压力与体积变化为直线关系。

CD 段:塑性阶段,压力与体积变化呈曲线关系。随着压力的增大,体积变化越来越大,最后急剧增大,达破坏极限。

AB 与 *BC* 段的界限压力 P_0,相当于初始水平应力;*BC* 与 *CD* 段的界限压力 p_f 相当于临界压力;凹段末尾渐近线的压力 p_L 为极限压力。

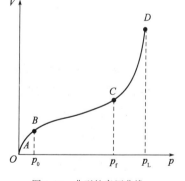

图5-21　典型的旁压曲线

依据旁压曲线似弹性阶段(*BC*)段的斜率,由圆柱扩张轴对称平面应变的弹性理论解,可得旁压模量 E_M 与旁压剪切模量 G_M。

$$E_M = 2(1+\mu)\left(V_c + \frac{V_0 + V_f}{2}\right)\frac{\Delta p}{\Delta V} \qquad (5-53)$$

$$G_M = \left(V_c + \frac{V_0 + V_f}{2}\right)\frac{\Delta p}{\Delta V} \times 10^{-3} \qquad (5-54)$$

式中：μ——土的泊松比；

$\quad V_c$——旁压器的固有体积（cm^3）；

$\quad V_0$——与压力 p_0 对应的体积变形量（cm^3）；

$\quad V_f$——与临塑压力 p_f 对应的体积变形量（cm^3）；

$\quad \dfrac{\Delta p}{\Delta V}$——旁压曲线似弹性直线的斜率（$\Delta p$ 以 kPa 计，ΔV 以 cm^3 计）；

$\quad E_M$——旁压模量（MPa）；

$\quad G_M$——旁压剪切模量（MPa）。

工作时，由加压装置通过增压缸的面积变换，将较低的气压转换为较高压力的水压，并通过高压导管传至旁压器，使弹性膜膨胀导致地基孔壁受压而产生相应的变形。其变形量由增压缸的活塞位移值 S 确定，压力 p 由与增压缸相连的压力传感器测得。根据所测结果，得到压力 p 与位移值 S 间的关系，即旁压曲线。从而得到地基土层的临塑压力、极限压力、旁压模量等有关土力学指标。

三、旁压仪结构

预钻式旁压仪主要由旁压器、变形量测系统、加压系统、连接软管及成孔工具等组成。

1. 旁压器

旁压器是旁压仪的主要组成部分，是用来在钻孔中对孔壁土体施加压力，有圆柱形金属骨架外套弹性膜组成。为防止弹性膜磨损，在膜外套一层可以膨胀的金属铠套。旁压器分上、中、下三腔。中腔为测试腔，上下腔由金属管连通但与中腔隔离，称辅助腔。测试腔位于圆柱体中部与上下腔水路不同。当工作时三腔同时受力膨胀，辅助腔的作用是当土体受压时使工作腔周围的土体受力均匀，从而使复杂的空间问题化为平面轴对称问题。

2. 变形量测系统

变形量测系统包括测管、辅管，均由有机玻璃制成。PY2-A 型旁压仪测管、辅管内截面积为 $15.28cm^2$；测管旁安装有量水位的标尺；测管和辅管顶端与精密压力表相连，测管下部与旁压器中腔相通，辅管下部与上下腔相通。当旁压器工作时，压力通过测管、辅管中的水分别传递给旁压器三腔，引起旁压器膨胀而对土体施加压力。测管水位每下降 1mm，相当于原钻孔直径为 50mm 时孔壁径向位移 0.04mm。另外，测管下部还装有调零阀，以排泄水来调整试验开始时测管的零位。

3. 加压稳压装置

加压方式有高压氮气加压和手动加压两种。

四、仪器的标定

为在试验中测得孔壁土体受到的真实压力和由此而引起的变形反应，旁压试验记录中有两种因素必须考虑：①向土体加压时弹性膜本身的约束力消耗了部分压力；②仪器管路受压后产生相应的变形，加大了测管的水位降值。这两项因素均应扣除，因此，试验前必须进行弹性膜约束力的标定试验和仪器管路综合变形标定试验，以便在整理资料时消除上述因素的影响。

1.弹性膜约束力的标定

(1)弹性膜约束力

由于弹性膜具有一定厚度,在试验过程中施加压力并未全部传递给土体,同时,弹性膜本身侧限作用使压力受到损失,这种损失值称为弹性膜约束力。

(2)弹性膜约束力标定方法

①旁压器置于地面,打开中腔和上下腔阀门使其冲水,当水灌满旁压器并返回规定刻度时,将旁压器中腔中点位置放在与量管水位相同高度,记录压力表初读数。

②逐级加压,每级压力10kPa,使弹性膜自由膨胀,量测每级压力下量管水位下降值。

③直到量管水位下降值接近40cm停止加压。

④记录绘制压力-水位下降值关系曲线,即为弹性膜约束力标定曲线。

2.仪器管路综合变形的标定

(1)仪器综合变形

由于旁压仪的调压阀、量管、导管压力计等在加压过程中会产生变形,造成水位下降或体积损失,这种水位下降或体积损失值称为仪器综合变形。

(2)仪器综合变形标定方法

①旁压器放进有机玻璃管或钢管内,使旁压器在受到径向限制的条件下进行逐级加压,加压等级100kPa,直到旁压仪的额定压力为止。

②根据记录压力 p 和量管水位下降值 s 绘制 p-s 曲线,曲线上直线段的斜率为仪器综合变形校正系数。

$$\alpha = \frac{\Delta s}{\Delta p} \tag{5-55}$$

式中:α——仪器综合变形系数($\mathrm{m^3/kN}$)。

五、试验步骤与技术要求

试验操作主要分为成孔、水箱及仪器充水、放旁压器入钻孔、加压及观测记录等主要环节。以下仍以 PY2-A 型旁压仪为例,简述其操作步骤。

1.成孔

用回转钻成孔,要求钻孔孔壁垂直光滑,并尽量避免对孔壁土体的扰动;钻孔直径不可过大,一般比旁压器直径大 2~8mm;成孔深度要比预测深度大 20~40cm,保证旁压器下腔在膨胀时有足够空间。

2.冲水

将旁压器置于地面,打开水箱阀门,使水流入旁压器中腔和上下腔室,待量管水位升高到一定高度,提起旁压器使中腔的中点与量管水位齐平(旁压器内不产生静水压力,不会使弹性膜膨胀),后关掉阀门,此时记录的量管水位即是试验初读数。

3.放置旁压器

旁压器放入钻孔中预定深度,将量管阀门打开,旁压器产生静水压力,计算旁压器内产生静水压力,并记录量管水位下降值。

无地下水时:

$$p_w = (h_0 + z) \cdot \gamma_w \tag{5-56}$$

有地下水时：

$$p_w = (h_0 + h_w) \cdot \gamma_w \tag{5-57}$$

式中：p_w——静水压力（kPa）；

h_0——量管水面离孔口高度（m）；

z——地面至旁压器中间距离（m）；

h_w——地下水位深度（m）；

γ_w——水的重度（kN/m³）。

4.加压

打开高压氮气瓶开关，同时观测压力表，控制氮气瓶输出压力不超过减压阀额定压力，操作减压阀逐级加压，从压力表读取压力值，记录一定压力时量管水位变化高度。

5.各级压力下相对稳定时间标准

目前各级压力下相对稳定时间标准一般采用1min或2min后再施加下一级压力。一般黏性土、粉土、砂土宜采用1min。一般饱和软黏土采用2min。维持1min时，加荷后15s、30s、60s测读变形量；维持2min时，加荷后15s、30s、60s、120s测读变形量。

6.试验终止条件

试验终止条件与旁压仪量管容积。调压阀的工作能力和弹性膜耐压力有关，不同的旁压仪有不同的终止条件。

如PY2-A、PY3-2型旁压仪，量管水位下降刚超过36cm，则终止试验。

《岩土工程勘察规范》（GB 50021—2001）规定，当量测腔的扩张体积相当于量测腔的固有体积时，或压力达到仪器的容许最大压力时，应终止试验。

六、试验资料整理

1.压力及变形量校正

（1）按下式进行压力校正：

$$p = p_m + p_w - p_i \tag{5-58}$$

式中：p——校正后的压力（kPa）；

p_m——压力表读数（kPa）；

p_w——静水压力（kPa）；

p_i——弹性膜约束力（kPa）。

（2）按下式进行变形量的校正：

$$s = s_m - (p_m + p_w) \cdot \alpha \tag{5-59}$$

式中：s——校正后水位下降值（m）；

s_m——量管水位下降值（m）；

α——仪器综合变形系数（m³/kN）。

2.绘制旁压试验曲线

根据校正后的压力 p 和校正后水位下降值 s 绘制 p-s 曲线，或者根据校正后压力 p 和体积 V 绘制 p-V 曲线，即旁压曲线，曲线作图可按下列步骤进行。

（1）在直角坐标系中，以 s（cm）为纵坐标，p 为横坐标，各坐标比例可以根据试验数据的大小自行选定。

（2）根据校正后各级压力 p 和对应的测管水位下降值 s，分别将其确定在选定的坐标上，然后先连直线段并两段延长，与纵轴相交的截距即为 s_0。

3. 特征值的确定

通过对旁压曲线的分析，可以确定土的初始压力 p_0，临塑压力 p_f 和极限压力 p_L 各特征压力。进而评定土的静止土压力系数 K_0，确定土的旁压模量 E_m 和旁压变形参数 G_m，估算土的压缩模量 E_s、剪切模量和软土不排水抗剪强度等。

（1）初始压力 A 确定

旁压试验曲线直线段延长与 V 轴的交点 V_0 或 S_0，由该点作与 p 轴平行线相交于曲线点所对应的压力即为 p_0 值，见图 5-22。

（2）临塑压力 p_f 确定

根据旁压曲线，有两种确定临塑压力 p_f 方法：

①旁压试验曲线直线段终点，即直线段与曲线第二个切点所对应压力 p_f，见图 5-22。

②按各级压力下 30～60s 体积增量 ΔS_{60-30} 或 30～120s 体积增量 ΔS_{120-30} 与压力 p 的关系曲线辅助分析确定。

（3）极限压力 p_L 确定

旁压试验曲线过临塑压力后，趋向于 s 轴的渐近线的压力即为 p_L，见图 5-22。

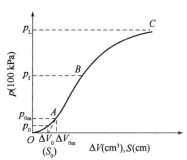

图 5-22　预钻式旁压曲线及特征值

七、工程应用

1. 计算地基土承载力

临塑荷载法：

$$f_k = p_f - p_0 \tag{5-60}$$

极限荷载法：

$$f_k = \frac{p_L - p_0}{F_s} \tag{5-61}$$

式中：f_k——地基土承载力（kPa）；

F_s——安全系数，一般取 2～3。

一般性土宜采用临塑荷载法，而对于旁压试验曲线过临塑压力后急剧变陡的土宜采用极限荷载法。

$$E_m = 2(1 + \gamma)(V_c + V_m) \cdot \frac{\Delta p}{\Delta V} \tag{5-62}$$

式中：E_m——旁压模量（MPa）；

γ——泊松比；

Δp——曲线上直线段压力增量（MPa）；

ΔV——相应于 AA 体积增量（水位下降值 S ×量管水柱截面积 A）（cm³）；

V_c —— 旁压器中腔固有体积(cm^3);

V_m —— 平均体积(cm^3), $V_m = \dfrac{(V_0 + V_f)}{2}$;

V_0 —— 对应于 p_0 值的体积(cm^3);

V_f —— 对应于 p_f 值体积(cm^3)。

2. 计算变形模量和压缩模量

(1)变形模量与旁压模量关系:

$$E_0 = k \cdot E_m \tag{5-63}$$

式中: E_0 —— 土的变形模量(MPa);

E_m —— 土的旁压模量(MPa);

k —— 变形模量与旁压模量比值。对于黏性土、粉土和砂土: $k = 1 + 61.1 m^{-1.5} + 0.0065(V_0 - 167.6)$,对于黄土类土: $k = 1 + 43.77 m^{-1.5} + 0.005(V_0 - 211.9)$,对于不区分土类土: $k = 1 + 25.25 m^{-1.5} + 0.0069(V_0 - 158.5)$;

其中 m 为旁压模量与旁压试验净极限压力比值:

$$m = \frac{E_m}{p_L - p_0} \tag{5-64}$$

(2)旁压变形参数与变形模量和压缩模量的关系:

$$G_m = V_m \cdot \frac{\Delta p}{\Delta V} \tag{5-65}$$

式中: G_m —— 旁压变形参数。

(3)计算土的变形模量和压缩模量:

$$E_0 = K_1 G_m \tag{5-66}$$

$$E_s = K_2 G_m \tag{5-67}$$

式中: E_0 —— 土变形模量(MPa);

E_s —— 压力为 $100 \sim 200$ kPa 压缩模量(MPa)。

K_1 、K_2 —— 比值,其取值见表 5-26。

K_1 、K_2 取 值 表 表 5-26

模 量	土 类	比 值	适 用 条 件	Z(深度)
变形模量 E_0	新黄土	$K_1 = 5.3$	$G_m \leqslant 7$MPa	
	黏性土	$K_1 = 2.9$	硬塑~流塑	
		$K_1 = 4.8$	硬塑~半坚硬	
压缩模量 E_s	新黄土	$K_2 = 1.8$	$G_m \leqslant 10$MPa	$Z \leqslant 3$m
		$K_2 = 1.4$	$G_m \leqslant 15$MPa	$Z > 3$m
	黏性土	$K_2 = 2.5$	硬塑~流塑	
		$K_2 = 3.5$	硬塑~半坚硬	

3. 侧向基床系数 K_m

根据初始压力 p_0 和临塑压力 p_f,采用下式估算地基土的侧向基床系数:

$$K_{\mathrm{m}} = \frac{\Delta p}{\Delta R} \qquad\qquad (5\text{-}68)$$

式中: Δp——临塑压力与初始压力之差, $\Delta p = p_{\mathrm{f}} - p_0$;

$\quad\quad \Delta R$——临塑压力与初始压力的旁压器径向位移之差, $\Delta R = p_{\mathrm{f}} - R_0$。

第七节　波 速 测 试

一、概述

弹性波在土中传播的速度反映了土的弹性性质。这种性质对于工程抗震、动力机器基础设计都是有实际意义的。弹性波可以分为两大类,即体波和面波。在弹性介质内部传播的波称为体波。当其传播时,如质点振动方向与波的传播方向一致,称为压缩波;如相互垂直,则称剪切波。如弹性波在介质表面或不同弹性介质交界面上传播,除了压缩波与剪切波仍然存在之外,其主要能量由一新的波——面波来传播。在弹性介质的表面,则以瑞利波的形式出现,其质点振动轨迹呈椭圆状。在介质表面附近,瑞利波按逆时针方向运动。在不同弹性介质的交界面上,还存在勒夫波的形式。

波速测试是利用波速确定地基土的物理力学性质或工程指标的现场测试方法。波速测试适用于测定各类岩土体的压缩波、剪切波或瑞利波的波速。测试目的是根据弹性波在岩土体中的传播速度,间接测定岩土体在小应变条件下($10^{-6} \sim 10^{-4}$)的动弹性模量等参数。波在地基中的传播速度是地基土在动力荷载作用下所表现出的工程性状之一,也是建筑物抗震设计的主要参数之一。波速测试可以采用钻孔波速测试法与面波法。

二、钻孔法测试技术

(一)单孔法

1. 基本原理

钻孔法用于体波波速的测定。其基本思想是假定波沿着直线传播,通过测量波从振源到检波器的距离和传播时间来计算体波的速度。改变振动接收点的深度,便可以得到不同深度岩土层的波速。通过波速可以计算岩土体的其他动力性质参数(如动剪切模量、动压缩模量、动泊松比)。钻孔法按振源和检波器的布置不同分为单孔法和跨孔法。而单孔法中又分为下孔法、上孔法等。

所谓单孔法,是指在地面或在信号接收孔中激振时,检波器在一个垂直钻孔中自上而下(或自下而上)逐层检测地层的体波(压缩波或剪切波),并计算每层的剪切波速。根据振源和检波器设置位置的不同,单孔法又分为地表激发、孔中接收的单孔下孔法(简称下孔法)、孔中激发、地表接收的单孔上孔法(简称上孔法)以及孔中激发、孔中接收的单孔孔中法(简称孔中法)等方法。

图5-23a)、b)分别表示的是下孔法和上孔法波速测试示意图。下孔法是将振源设置在孔外位置,检波器放入孔中的待测深度位置;而上孔法则是将检波器放在孔外位置,振源设置在孔中一定深度处。上孔法中检波器放置在地表,记录到的波形容易受场地噪声等外来

因素干扰,而对波形识别造成困难。因此实际工程中,以下孔法使用较多,本书即以下孔法为主进行相关内容介绍。

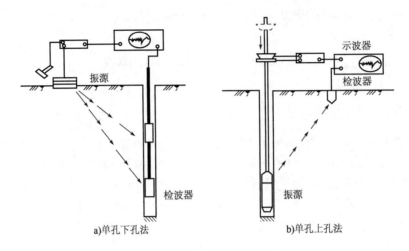

a)单孔下孔法   b)单孔上孔法

图 5-23　钻孔法波速测试示意图

对下孔法,连接准备好的设备后,通过用锤水平敲击板的两端,使板在平衡位置来回振动,从而在土层表面产生正负剪切变形。由于土的颗粒之间互相连接,变形就会扩展和传递给其他土颗粒,这样就在地基土中产生水平剪切力和 SH 波,并由于其来回振动而获得如图 5-24所示的两个起始相位相反的 SH 波时域波形曲线(形成特征辨识曲线)。由于事先安装了拾振检波器,因而可确定 SH 波初次到达的时间,由此便能计算 SH 波波速。

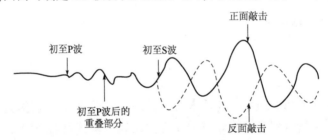

图 5-24　正、反向的 SH 波波形曲线示意图

当进行压缩波测试时,压缩波振源可采用锤击金属板获得。这时,锤击方向要竖直向下,以便产生压缩波。

2. 仪器设备

(1)振源。对于产生剪切波(S 波)的振源宜采用重锤和上压重物的木板。其中重锤可采用木槌或铁锤,通过其在水平方向上敲击上压重物的木板两端,产生 SH 波;而所需木板,建议选用硬杂木材质,长 2 ~ 3m,宽度 30 ~ 40cm,厚度 4 ~ 6cm,木板上压约400kg的重物。

而对产生压缩波(P 波)的振源宜采用重锤(或炸药)和金属板。其中重锤可采用木槌或铁锤,通过竖向敲打圆钢板或采用炸药爆破,产生 P 波;所需钢板为圆形,板厚 3cm,直径25cm。

（2）触发器。触发器为一压电晶体传感器,将其安装在重锤上,若用地震检波器则安装在木板正下方或圆钢板(或爆破点)附近。当重锤敲击木板或圆钢板,或炸药爆破时,产生脉冲电压,进而开始信号计时。触发器的灵敏度要求在0.1ms左右。

（3）三分量检波器。由于实际振动中,地层中都会产生复合波形,同时检波器所在位置处质点的振动能量在三个方向亦有差别。因此,测试人员需要根据P波和S波质点振动方向上的差别,采用三分量检波器来接收地震波。

三分量检波器由置于密封钢质圆筒中的一个竖向(接收P波)和两个水平〔互相垂直,接收S波)的地震检波器组成。三分量检波器外侧的气囊(通过塑料气管连通至地面气泵)充气后可使三分量检波器与孔壁紧密接触,检波器信号通过屏蔽电线连接至地面信号采集分析仪。

（4）采集分析仪。采用地震仪或其他多通道信号采集分析仪(四通道以上)。这些仪器需要具有信号放大倍数高、噪声低、相位一致性好的特点,要求时间分辨精度在1μs以下,同时兼具滤波、采集记录、地层波速数据处理等功能。

3.测试方法与技术要求(单孔法)

①测试孔应与铅垂方向一致。清孔后,将检波器缓缓放入,直到孔底预定深度。如有缩孔、塌孔现象,可用静力压到预定深度,但千万不能锤击,以免损坏检波器。三分量检波器内部安装有3个相互垂直的小检波器,外壳底部装了3把刀,用以在孔底固定位置。当钻孔检波器放入时,尽量使两个水平放置的检波器中的一个与孔口底板平行。检波器要固定在孔内预定深度处,并紧贴孔壁。试验过程中,钻孔检波器上的钻杆可不拆卸,但不要与钻机磨盘以及孔壁相碰。

②当在剪切波振源锤击上压重物的木板时,木板的长向中垂线应对准测试孔中心,孔口与木板的距离宜为1~3m,并保证木板与地面紧密接触,板上所压重物宜大于400kg或者采用测试车的两个前轮对称压住木板;木板应与地面紧密接触,对于坚硬地面,可在底面加胶皮或沙子,对于松软底面,可在木板底面加若干长铁钉,以提高激振效果。

③当在压缩波振源采用铁锤敲击钢板时,钢板距离孔口宜为1~3m。

④测点布置应根据工程情况和地质分层确定,每隔1~3m深度布置一个测点,一般情况测点布置在地层的顶、底板位置,对于厚度大的地层,中间可适当增加测点。一般宜按照自下而上的顺序进行检测。

⑤测试时要保证充气的探头与孔壁紧贴,测试过程中严格控制测点的深度误差。

⑥木槌应分别水平敲击振源板的两端数次,敲击时用力均匀,尽量水平敲击(以测到剪切波速)。每次两端各自敲击的信号波形清晰、初至基本重合且剪切波信号相反时,记录的结果方有效。同时,保证每端至少记录3个波形,即一个测点有6个波形,以便分析。

⑦测试工作结束时,应选择部分测点做重复观测,其数量不应少于测点总数的10%。

4.数据处理

将测试所得数据记录表见表5-27。

单孔法测试记录表　　　　　　　　　　　　　表 5-27

工程名称测＿＿＿＿＿＿＿＿＿　　试孔编号＿＿＿＿＿＿＿＿＿

工程地点＿＿＿＿＿＿＿＿＿　　$L=$ ＿＿＿＿＿＿＿　　$H_0=$ ＿＿＿＿＿＿＿＿＿

深度 (m)	地层 名称	测试 深度 (m)	间距 (m)	斜距 校正 系数 k	实测时间 T (ms)		校正后时间 T' (ms)		波到各层顶和底 面时差 $\Delta T/$(ms)		各层波速 (m/s)		时距 曲线	波速 分布图	备注
					T_p	T_S	T'_p	T'_S	ΔT_P	ΔT_S	v_p	v_s			

根据试验结果进行如下工作：

（1）波形鉴别。根据如图 5-24 所示实测的正、反向 SH 波波形曲线，由不同波的初至和波形特征进行波形的识别，其主要的辨识特征和方法为：

①压缩波速度快于剪切波，因此初至波应为压缩波，当剪切波到达时，波形曲线上会有突变，以后过渡到剪切波波形。

②敲击木块正反向两端时，剪切波波形相位差为 180°，而压缩波则不变。

③压缩波传播能量衰减较剪切波要快，距离孔口一定深度后，压缩波与剪切波逐渐分离，容易识别。作为波形特征，压缩波振幅小而频率高，剪切波振幅大而频率低。

压缩记录的长度取决于测点深度。在孔口记录的波形中不会出现压缩波。而随着测点变深，离开振源越远，压缩波的记录长度就越长。但是当测点深度大于 20m 或更深时，由于压缩波能量小，衰减较快，一般放大器有时也测不到压缩波波形，记录下来的波形图只有剪切波，这样就更容易鉴别。

为便于比较精确地分析资料，现场对各深度测点的最后波形记录应力求反映出上述特征，并通过调节放大器增益装置和记录仪的扫描速率，以达到增大 P 波段和 S 波段在振幅上的差别，拉大 P 波段在记录纸上的长度，从而使波的初至更为清。

（2）波速计算。

①根据测试曲线的形态和相位确定各测点实测波形曲线中 P 波和 S 波的初至，得到从振源点到各测点深度的历时（分别根据竖向传感器和水平传感器记录的波形，来确定压缩波与剪切波的时间），并按照下列公式对振源到达测点的时间进行斜距校正：

$$T' = kT \tag{5-69}$$

$$k = \frac{H + H_0}{\sqrt{L^2 + (H + H_0)^2}} \tag{5-70}$$

式中：T'——压缩波或剪切波从振源到达测点经斜距校正后的时间（相应于波从孔口到达测点的时间）(s)；

T——压缩波或剪切波从振源到达测点的实测时间(s)；

k——斜距校正系数；

H——测点与孔口的垂直深度(m)；

H_0——振源与孔口的高差(m)，当振源低于孔口时，H_0 为负值；

L——板中心到测试孔的水平距离(m)。

②如图 5-25 所示,以深度 H 为纵坐标,时间 T 为横坐标,描出每一测点对应的深度和波传递时间关系点,并两两相连,绘制时距曲线图。

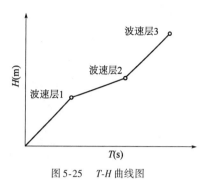

图 5-25 T-H 曲线图

③结合地质情况,并根据时距曲线上具有不同斜率的折线段来确定波速层的划分。

④按照式(5-71)计算每一波速层的压缩波波速或剪切波波速:

$$v_i = \frac{\Delta H_i}{\Delta T_i} \quad (5-71)$$

式中:v_i——第 i 层 P 波或 S 波的平均波速(m/s);

ΔH_i——第 i 层波速层的厚度(m);

ΔT_i——波传到第 i 层波速层顶面和底面的时间差(s)。

(二)跨孔法

1.基本原理

所谓跨孔法,是指在两个或两个以上垂直钻孔中,自上而下(或自下而上),按地层划分,在同一地层的水平方向上一孔激发,而由另几个钻孔接收,以此逐层检测水平地层的 P 波和 S 波的波速。其与单孔法的主要区别在于将振源置于另一个钻孔代替地面激振。图 5-26 为一典型跨孔法波速测试装置的示意图,图中三孔在同一直线上设置,其中一孔为振源激发孔,另两孔为信号接收孔,由此避免了激发延时给波速计算带来的误差。

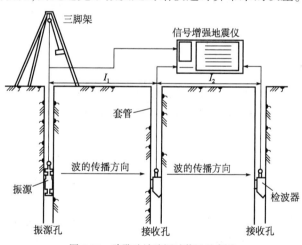

图 5-26 跨孔法波速调试装置示意图

2.试验设备

(1)振源。剪切波振源宜采用剪切波锤,也可采用标贯试验装置,压缩波振源宜采用电火花或爆炸等。其中有关剪切波振滤装置着重介绍如下:

①井下剪切锤。跨孔法振源一般使用如图 5-27 和图 5-28 所示的井下剪切锤,其由一个固定的圆筒体和一个滑动质量块组成。当其放入孔内测试深度后,可通过地面的液压装置与液压管相连,当输液加压时,剪切锤的四个活塞推出圆筒体扩张板并与孔壁紧贴。工作时,突然上拉绳子,使其与下部连接的剪切锤滑动质量块冲击固定的圆筒体,筒体扩张板与

孔壁地层产生剪切力,在地层的水平方向即产生较强的 SV 波,并由相邻钻孔的垂直检波器接收;将滑动质量块拉到最高点松开拉绳,滑动质量块自由下落,冲击固定筒体扩张板,则地层中会产生与上拉时波形相位相反的 SV 波。同时,相邻钻孔中径向水平检波器可接收到由激发孔传来的该地层深度的 P 波。

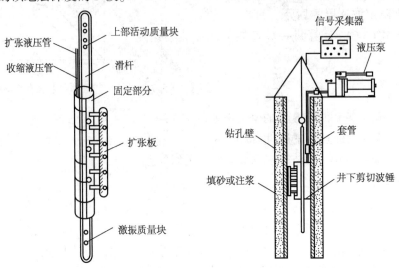

图 5-27 井下剪切锤结构示意图　　　　图 5-28 井下剪切锤安装示意图

②重锤标贯装置。采用标贯空心锤锤击孔下的取土器作为振源装置,也是选择之一。在此振源作用下,孔底地层受到竖向冲击,由于振源偏振性使得地层水平方向产生较强的 SV 波,沿着水平方向传播的 SV 波分量能量较强,在与振源同一高度的接收孔内安装的垂直向检波器,便能收到由振源经地层水平传播的较清晰的 SV 波波形信号。之所以采用此类振源,是因为其结构简单,操作方便,提供能量大,适合于浅孔,但是因需要考虑振源激发延时对于测试波速的影响,故而不能进行坚硬密实地层的跨孔法波速测试。

(2)三分量检波器。跨孔法需要两个接收孔内都安装三分量检波器,信号采集分析仪应在六通道以上,其他性能指标要求与单孔法相同。

(3)触发器和采集分析仪。基本性能指标要求与单孔法相同。但是跨孔法的记录器要求具有分辨 $0.2\mu s$ 或波传播历时 5% 的能力。

3. 测试方法与技术要求

(1)钻孔布置。跨孔法波速测试一般需要在一条平行地层走向或垂直地层走向上布置同等深度的三个钻孔。有时为了节约经费,避免下套管和灌浆等工序,也可采用两个钻孔作跨孔法测试。

(2)钻孔直径。钻孔孔径需满足振源和检波器顺利在孔内上下移动的要求。根据工程实践经验,对于岩石,不下套管时,孔径一般为 55~80mm,下套管时,孔径一般为 110mm;对于土层,钻孔孔径一般为 100~300mm。

(3)钻孔间距。钻孔间距要综合考虑波的传播路径以及测试仪器的计时精度,一般钻孔间距,在土层中以 2~5m 为宜,在岩层中以 8~15m 为宜。

(4)套管与孔壁空隙的充填。钻孔时应垂直钻进.并用泥浆护壁,最好采用塑料套管,并采用灌浆法填充套管与孔壁的空隙,一般配备膨润土、水泥和水的配比为 1∶1∶6.25 的浆液,自上而下灌入空隙中,浆液固结后的密度接近土介质密度。此外,也可采用干砂填充密实。如此,孔内振源、检波器和地层介质间才能更好耦合,以提高测试精度。

(5)孔斜测定。跨孔法钻孔应尽量垂直,当测试深度大于 15m 时,必须采用高精度孔斜仪(量测精度应达到 0.1°)对所有测试孔进行倾斜度及倾斜方位的测试,计算各测点深度处的实际水平孔距,供计算波速时采用。测点间距不应大于 1m。

(6)测点设置。调试一般从距离地面 2m 深度开始,其下测点间距为每隔 1~2m 增加一个测点,也可根据实际地层情况做适当调整,一般测点宜选在测试地层的中间位置。当测试深度大于 15m 时,测点间距应不大于 1m。

(7)测试方法。

①测试时,振源与接收孔内的传感器应设置在同一水平面上。由于直达波只通过一个土层,测试波速便可直接得出。

②当振源采用剪切波锤时,宜采用一次成孔法。即将跨孔测试所需要的钻孔按照预定的设计深度一次成孔,然后将塑料套管下到距离孔底还剩 2m 左右的深度,接着向套管与孔壁之间的环形空隙灌浆,直到浆液从孔口溢出。等灌浆凝固后,方进行测试。测试时,先把边缘一个孔作为振源孔,把井下剪切波锤放置到试验深度,然后撑开液压装置,将井下剪切波锤紧固于此位置。并在另外两个钻孔中的同一高程处放入三分量检波器,立即充气,将检波器位置固定。然后向上拉连接在井下剪切波锤上的钢丝绳,用重锤撞击圆筒,产生振动,相应地另外两个钻孔中的检波器接收到剪切波初至。

③当振源采用标贯试验装置时,宜采用分段测试法,即采用三台钻机同时钻进,当钻孔钻到预定深度后,一般距离测点 1~2m,将钻具取出,把开瓣式取土器送到预定深度,先打入土中 30cm 后,再将三分量检波器放入另外两个钻孔同一高程处,然后用重锤敲击,使取土器外壳与土体作近似摩擦剪切运动,产生剪切分量,而检波器则收到初至的剪切波。这种方法主要用于深度不太大的第四纪土层中的跨孔波速测试,以减少下套管和灌浆等复杂技术问题。

(8)检查测量。当采用一次成孔法测试时,测试工作结束后,应选择部分测点作重复观测,其数量不应少于测点总数的 10%;也可采用振源孔和接收孔互换的方法进行检测。

在现场应及时对记录波形进行鉴别判断,确定是否可用,如不合格,在现场可立即重做。钻孔如有倾斜,应做孔距的校正。

4.数据处理

根据试验结果进行如下工作:

(1)波形鉴别。可参考单孔法中所述波形鉴别的辨识特征和方法来进行该工作。

(2)波速计算。根据某测试深度的水平、竖向检波器的波形记录,分别确定 P 波和 S 波到达两接收孔的初至时间 T_{P1}、T_{P2} 和 T_{S1}、T_{S2}。

根据孔斜测量资料,计算由振源到达每一接收孔距离 S_1 和 S_2 以及差值 $\Delta S = S_1 - S_2$,然后按式(5-72)和式(5-73)计算相应测试深度的 P 波和 S 波波速值:

$$v_P = \frac{\Delta S}{T_{P1} - T_{P2}} \tag{5-72}$$

$$v_S = \frac{\Delta S}{T_{S1} - T_{S2}} \tag{5-73}$$

式中：v_p——压缩波波速(m/s)；

$\quad\quad v_S$——剪切波波速(m/s)；

T_{P1}、T_{P2}——P 波分别到达 1、2 接收孔的初至时间；

T_{S1}、T_{S2}——S 波分别到达 1、2 接收孔的初至时间；

$\quad\Delta S$—— 由振源到 1、2 两个接收孔测点距离之差。

三、面波法测试技术

1. 基本原理

面波法是以测定面波波速为直接目的的一种波速测试技术。在以往的人工地震勘探中，作为面波主要构成部分的瑞利波(简称 R 波)，曾被视为一种干扰波(体波在介质表面所产生的次生波)。但在半无限空间中 R 波占表面振源能量的主要部分，其在浅层土体中产生的位移远比体波的大，其波速的测定较为清晰、便利。故 20 世纪 60 年代初，美国密西西比陆军工程队水路试验所即开始研究这种方法；20 世纪 80 年代初，日本 VIC 公司研制成功稳态瑞利波法的 GR-810 佐藤式全自动地下勘探机，并在工程地质勘测的许多方面加以应用。国内自 20 世纪 80 年代以来，许多学者及单位都相继开展了面波法的研究和应用，并取得了可喜的成果，推动了该项技术的发展。

（1）瑞利波波速的获得方法

面波法波速测试是为了获得 R 波的弥散曲线(即波速 v_R 与波长 λ 关系曲线)或频散曲线(即波速 v_R 与频率 f 关系曲线)。通常，根据激振方式的不同，R 波速度弥散曲线的获得可分稳态法和瞬态法(又称表面波频谱分析法，即 SASW 法)两种。

稳态法是使用电磁激振器等装置在地表施加给定额率 f 的稳态振动，该频率下瑞利波的传播速度 v_R 可由下式确定：

$$v_R = f\lambda \tag{5-74}$$

式中：f——稳态振动频率，即面波的波动频率(Hz)；

$\quad\lambda$ ——面波的波长(m)。

由于波动频率可人为控制，故只要测出面波波长，就可求得瑞利波速度 v_R。v_R 代表该频率被影响深度范围内的平均波速。对于均质各向同性的弹性半空间来说，介质的性质与深度无关，各种频率可获得同样的波速；而现场地基土性质随深度而变化时，不同深度范围内土的综合性质也不一致，相应地其综合的波速也就不同，表现为测定的 v_R 随振动频率的变化而变化。

瞬态法是在地面施加一瞬时冲击力，产生一定频率范围的瑞利波。离振源一定距离处有一观测点 A，记录到的瑞利波为 $f_1(t)$，根据傅里叶变换，其频谱为：

$$F_1(w) = \int_{-\infty}^{\infty} f_1(t) e^{iwt} dt \tag{5-75}$$

式中：w——瑞利波的圆频率。

在波的前进方向上与 A 点相距为 Δ 的观测点 B 同样也记录到时间信号 $f_2(t)$，其频谱为：

$$F_2(w) = \int_{-\infty}^{\infty} f_2(t) e^{iwt} \, dt \tag{5-76}$$

假设波从 A 点传播到 B 点. 它们之间的变化纯粹由频散引起,则应有如下关系式:

$$F_2(w) = F_1(w) e^{-iw\frac{\Delta}{v_R(w)}} \tag{5-77}$$

式中: $v_R(w)$ —— 圆频率为 w 的瑞利波的相速度。

上式又可写成:

$$F_2(w) = F_1(w) e^{-i\varphi} \tag{5-78}$$

式中: φ —— $F_1(w)$ 与 $F_2(w)$ 之间的相位差。

比较上面两式,可以看出:

$$\varphi = \frac{w\Delta}{v_R(w)} \tag{5-79}$$

$$v_R(w) = \frac{2\pi f \Delta}{\varphi} \tag{5-80}$$

根据式(5-80),只要知道 A、B 两点间的距离 Δ 和每一频率的相位差 φ,就可以求出每一频率的相速度 $v_R(w)$,从而可以得到勘探地点的频散曲线。为此需要对 A、B 两现测点的记录作相干函数和互功率谱的分析。

做相干函数分析的目的是对记录信号的各个频率成分的质量作出估计,并判断噪声干扰对有效信号的影响程度。根据野外现场的实际情况,可以确定一个系数(介于 $0 \sim 1.0$ 之间),相干函数大于这个系数,就认为这个频率成分有效;反之,就认为这个频率成分无效。

做互功率谱分析的目的是利用互谱的相位特性来求出这两个观测点在各个不同频率时的相位差,再利用相关公式求出瑞利波的速度 v_R。

从基本原理看,瞬态和稳态两种方法均以 R 波为测试对象,以测定 R 波速度弥散或频散曲线为目的,但两者实现方式不同。前者在时间域中测试. 采用计算技术得到频率域信号;后者直接在频率域中测试。从测试结果看两者获得的 R 波频散曲线较为吻合。而之所以采用两法是因为其各自均有优缺点:

①瞬态法试验信号处理需专用谱分析仪,稳态法只需一双线示波器。

②瞬态法原则上只需一次冲击地面就能获得稳态的全部结果。

③稳态法很难得到 10Hz 以下的试验数据,而瞬态法最低频率可达到 1Hz 左右,即能达到的测试深度较稳态法要大。

(2)面波法勘探深度

瑞利波的水平分量和垂直分量在理论上是随深度减弱的。一般认为瑞利波的大部分能量是在约一个波长深的半空间区域内通过,同时假定在这个区域内土的性质是相近的,并以半个波长 $\lambda/2$ 深度处的土的性质为代表。也就是说,所测得的瑞利波波速 v_R 反映了 $\lambda/2$ 深度处土的性质。而相应勘探深度 H 可表示为:

$$H = \frac{\lambda}{2} = \frac{v_R}{2f} \tag{5-81}$$

由此可知,如果振动频率降低,波长就大,瑞利波的有效影响深度就大;相反,提高频率 f,波长就小,有效影响深度就减小,测定的深度也就减小。

2.仪器设备

(1)振源。

①激振器。能产生简谐波的激振器有三种:机械式偏心激振器、电磁式激振器和电液激振器,在瑞利波探测中一般使用电磁激振器,能输出几赫兹到几千赫兹的简谐波。

②重锤或落锤。在工程中常常需要对地下几十米内的土体进行探测,这就要求使用的脉冲振源有足够宽的频带。在实际工作中,常根据探测深度的不同,选择不同质量的重锤或落锤激发地震波。

(2)检波器。检波器宜采用低频速度型传感器,传感器灵敏度宜大于300mV/(cm·s⁻¹)。在实际工作中可以根据不同进度和深度选用不同固有频率的检波器,如4Hz、38Hz 和100Hz 等。

(3)信号采集分析仪。信号采集分析仪可以使用工程地震仪或其他多通道信号采集分析仪。仪器的放大系统宜采用瞬时浮点放大器,前放增益宜大于 100 倍;频响范围宜大于0.5~2000Hz。

3.测试方法与技术要求

(1)稳态法测试方法与要求。

①根据试验要求确定测线位置和方向,选择比较平整开阔的场地进行试验。如图 5-29所示,安置好激振器,并且在附近一定距离的测线(振源与检波器连线)上安放一只检波器。在测线方向,可将皮尺固定于地表,以便于读数。

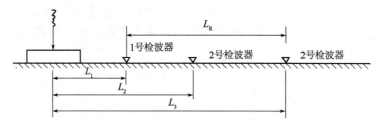

图 5-29　面波法(稳定振动)布置图

②开动激振器,并将其固定在某个频率 f_1 上,将第二只检波器安放在第一只附近的测线上,两只检波器输出线与一双线示波器相接,则可在荧光屏上观察两条谐波曲线。

③逐渐由近及远沿测线移动第二只检波器位置,使两检波器记录的波形同相位相反,测得两个检波器间的距离即为半个波长 $\lambda/2$。再次移动第二个检波器使得相位重新一致,此时两检波器之间的间距为 λ。依次类推,2λ、3λ 均可测得。

④改变激振器频率,重复上述步骤;激振频率的上下限可根据地层拟测深度及 R 波速度作出粗略估算,同时要考虑测试系统的有效频带。

根据式(5-74)可算得与每一频率相对应的平均波速和波长,即获得 R 波速度弥散曲线。

(2)瞬态法测试方法与要求。

①如图 5-30 所示,在地面上沿瑞利波传播方向以一定的间距 Δx 设置 $(N+1)$ 个检波器。

②采用不同材料和质量的锤或重物下落激振产生瞬态激振,同时检波器可检测到 $N\Delta x$ 长度范围内波的传播过程。

③将多个传感器信号通过逐频谱分析和相关计算,并进行叠加,得出 v_R-f 频散曲线。对

频散曲线进行反演分析,就可得到地下一个波长深度范围内的平均波速 v_R,由于假定了在一个波长区域内土的性质相近,并以半个波长 $\lambda/2$ 深度处土的性质为代表,即获得了半个波长深度处的地质情况。

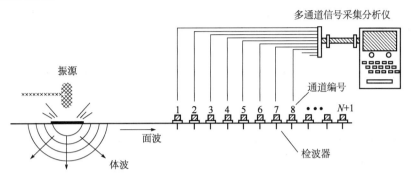

图 5-30　瞬态法瑞利波探测示意图

4. 数据整理

(1)稳态法

移动检波器,测量出不同相位差对两只检波器的间距,当固定相位差为 2π 的特定倍数时,可直接获得该频率瑞利波的波长,即当前频率下的 v_R 值为 $v_R = f\lambda$。当激振器的频率从高向低变化时,就可以得到一条 v_R-f 曲线或 v_R-λ 曲线。

(2)瞬态法

在瞬态法资料处理中,可以利用傅氏变换将时间记录转换为频域记录。对于频率为 f_i 的频率分量,用相关法计算相邻检波器记录的相移 $\Delta\varphi_i$,则相邻 Δx 长度内瑞利波的传播速度 v_{Ri} 可由下式计算:

$$v_{Ri} = 2\pi f_i \frac{\Delta x}{\Delta\varphi_i} \tag{5-82}$$

在满足空间采样定理的条件下,测量范围 $N\Delta x$ 内的平均波速为:

$$v_{Ri} = 2\pi f_i \frac{N\Delta x}{\sum\limits_{j=1}^{n} \Delta\varphi_j} \tag{5-83}$$

在同一测点对一系列频率 f_i 求取相应的 v_{Ri} 值就可以得到一条 v_R-f 曲线,即所谓的频散曲线。由 $\lambda = v_R/f$ 可将 v_R-f 曲线转换为 v_R-λ 曲线,v_R-λ 曲线的变化规律就反映了该点介质深度上的变化规律。

(3)剪切波速求解

根据面波法测得的瑞利波速度,通常要转化为剪切波速度。根据统计资料表明,在弹性半空间中,瑞利波的传播速度与剪切波的传播速度具有相关性,剪切波波速 v_s 可近似地表达为:

$$v_s = \frac{1 + \mu}{0.87 + 1.12\mu} \approx (1.05 \sim 1.15) v_R \tag{5-84}$$

式中:v_s——瑞利波波速;

μ——土层泊松比。

根据式(5-84)即可获得土层的剪切波速度。只要知道了剪切波速度,就可以根据它与各种介质的力学参数的关系式,来计算各种动力参数,如动剪切模量等。

(4)剪切波速度分层计算

面波法直接测得的 v_R 为一个波长深度范围内的平均波速,因为它包含整个波长深度范围内介质的影响,故如果直接根据该 v_R 值,由式(5-84)计算所得的 v_s 也为一定土层范围内的平均值。随着波长增加,在此波长影内范围内的土体实际分层亦增多.则上述算得的平均波速与分层波速间的差异也明显增大。为此,一般采用影响系数法来计算土体各分层的剪切波速度。

该法以半波长法为基础,利用影响系数 β、分层介质厚度及频散曲线来进行计算。影响系数是不同深度介质对 R 波相速度影响的系数,其值随波长和深度的变化,β 值不但随深度变化,而且对于不同介质、不同波长.其数值的变化也略有差异。β 最大值为1,大约在深度为 $\lambda/3 \sim \lambda/2$ 处,而在深度约一个波长处,β 衰减为0。

计算时,先在预先试验所得频散曲线上,根据现场大致土层厚度以及精度要求取 n 个点,其对应的波长 λ_1、λ_2 直至 λ_n 依次增大。其中第 i 个波长 λ_i 深度范围内剪切波速平均值 $v_{si,a}$ 可由下式表示为:

$$v_{si,a} = \frac{1}{h_i \beta_i}(v_{s1}\beta_{i1}\Delta h_1 + v_{s2}\beta_{i2}\Delta h_2 + \cdots + v_{sj}\beta_{ij}\Delta h_j + \cdots + v_{si}\beta_{ii}\Delta h_i) \quad (5\text{-}85)$$

式中:$v_{si,a}$ —— λ_i 波长影响范围内的综合平均剪切波速(m/s);

v_{sj} ——第 j 层土的剪切波波速值(根据依次增加的 i 个波长可以分出 i 层土)(m/s);

h_i ——第 i 个波长对应的影响深度(m),$h_i = \dfrac{\lambda_i}{2}$;

β_i ——影响系数在整个 λ_i 波长范围内的平均值,根据半波长理论,可由各波长条件下,$\dfrac{h}{\lambda_n} = 0.5$ 时的 β 值来确定;

β_{ij} ——分层数为 i 时,第 j 层土对应的影响系数.其中 $i = 1 \sim n$,$j = 1 \sim i$;

Δh_i ——第 i 层土的厚度(m)。

因此可得各分层剪切波速度为:

$$\begin{cases} v_{s1} = \dfrac{1}{\beta_{11}\Delta h_1}v_{s1,a}h_1\beta_1 \\[2mm] v_{s2} = \dfrac{1}{\beta_{22}\Delta h_{22}}(v_{s2,a}h_2\beta_2 - v_{s1}\Delta h_1\beta_{21}) \\[2mm] v_{si} = \dfrac{1}{\beta_{ii}\Delta h_i}(v_{si,a}h_i\beta_i - v_{s1}\Delta h_1\beta_{i1} - v_{s2}\Delta h_2\beta_{i2} - \cdots - v_{si-1}\Delta h_{i-1}\beta_{ii-1} \\[2mm] v_{sn} = \dfrac{1}{\beta_{nn}\Delta h_n}(v_{sn,a}h_n\beta_n - v_{s1}\Delta h_1\beta_{n1} - v_{s2}\Delta h_2\beta_{n2} - \cdots - v_{sn-1}\Delta h_{n-1}\beta_{ni-1}) \end{cases} \quad (5\text{-}86)$$

计算分层剪切波速时,先由第 1 层 v_{s1} 开始算.然后将上层算得的各分层波速带入下层波速的计算式中,逐层向下计算 $v_{s2}, v_{s3}, \cdots, v_{sn}$。

5.说明

面波法与钻孔法相比,无须预先钻孔和埋设套管,现场测试效率高.能较可靠地测定浅层的波速,且测试信号受环境干扰和地下水位等因素影响较小。但面波法试验场地较大并且由于低频信号较难获得,故可测深度比钻孔法小(国内有关资料介绍的试验深度一般为20m内以,日本资料介绍的可测深度达到50m,但此时激振设备较笨重)。再有钻孔法中的跨孔法可直接测定土体特定深度单层土的性质,而面波法只能以分层的方式计算土中剪切波速度,所得结果仍为各分层中波速的平均值,这样当分层设定厚度较小时结果较为可靠;而若计算时分层较少,其结果精度便会降低。另外,R波在地层中软弱或较硬夹层里的传播特性比较复杂,由弥散曲线反算剪切波速时必须考虑高阶模态的影响,在此情况下,其测定精度也将比钻孔法低。

四、工程应用

相对于各种类型波的波速现有测试方法而言,波速法在实际应用中,多集中于剪切波的应用(面波系一般转化为剪切波波速而后再被应用)。本节即对以剪切波为代表的波速测定结果,展开波速法在岩土工程方面应用的简介。

1. 划分土的类型和建筑场地类别

剪切波波速可用于场地土的类型和建筑场地类别的划分,如根据《建筑抗震设计规范》(GB 50011—2010),场地上的类型可有如表5-28所示的划分。

土的类型划分与剪切波波速范围   表5-28

土 的 类 型	岩土名称和性状	土层剪切波波速范围(m/s)
岩石	坚硬、较硬且完整的岩石	$v_s > 800$
坚硬土或软质岩石	破碎或较破碎的岩石或软和较软的岩石,密实的碎石土	$500 < v_s < 800$
中硬土	中密、稍密的碎石土,密实、中密的砾、粗、中砂,地基承载力特征值 $f_{ak} > 150$ 的黏性土和粉土,坚硬黄土	$250 < v_s \leqslant 500$
中软土	稍密的砾、粗、中砂,除松散外的细、粉砂,$f_{ak} \leqslant 150$ 的黏性土和粉土,$f_{ak} > 130$ 的填土,可塑新黄土	$150 < v_s \leqslant 250$
软弱土	淤泥和淤泥质土,松散的砂,新近沉积的黏性土和粉土,$f_{ak} \leqslant 130$ 的填土,流塑黄土	$v_s \leqslant 150$

已知土层的剪切波波速后,一般按地面至剪切波波速大于500m/s的土层顶面的距离确定覆盖层的厚度。当地面5m以下存在剪切波波速大于其上部各土层剪切彼波速2.5倍的土层,且该层及其下卧各层岩土剪切波波速均不小于400m/s时,可按地面至该土层顶面的距离确定。而如果土层中存在火山岩硬夹层,则视为刚体,厚度从覆盖层中扣除。

土层等效的剪切波波速 v_{se} 可按照下式计算:

$$v_{se} = \frac{d_0}{t} \tag{5-87}$$

$$t = \sum_{i=1}^{n} \left(\frac{d_i}{v_{si}} \right) \tag{5-88}$$

式中: v_{se} ——土层等效剪切波波速(m/s);

d_0 ——计算深度(m),取覆盖层厚度和20m两者间的较小值;

t ——剪切波在地面至计算深度之间的传播时间(s);

d_i——计算深度范围内第 i 土层的厚度(m);

v_{si}——计算深度范围内第 i 土层的剪切波波速(m/s);

n——计算深度范围内土层的分层数。

根据土层等效剪切波波速以及场地覆盖层厚度,建筑场地可划分为四类,如表 5-29 所示,其中Ⅰ类还分为Ⅰ₀和Ⅰ₁两个亚类。当有可靠的剪切波波速和覆盖层厚度且其值处于表中所列场地类别的分界线附近时,应允许按照插值方法确定地震作用计算所用的特征周期。

各类建筑场地的覆盖层厚度 表 5-29

岩石的剪切波波速或土的	场 地 类 别				
等效剪切波波速(m/s)	Ⅰ₀	Ⅰ₁	Ⅱ	Ⅲ	Ⅳ
$v_s > 800$	0				
$500 < v_s \leqslant 800$		0			
$250 < v_{se} \leqslant 500$		< 5	≥ 5		
$150 < v_{se} \leqslant 250$		< 3	3 ~ 50	> 50	
$v_{se} \leqslant 150$		< 3	3 ~ 15	15 ~ 80	> 80

注:v_s 为岩石剪切波波速。

2. 计算岩土体的弹性参数

根据横波波速(或者采用瑞利波波速换算得到)以及纵波波速,计算地基的动弹性模量、动剪切模量和动泊松比,计算式表示如下:

$$E_d = \frac{\rho v_s^2 (3v_p^2 - 4v_s^2)}{v_p^2 - v_s^2} \tag{5-89}$$

$$G_d = \rho v_s^2 \tag{5-90}$$

$$\mu_d = \frac{v_p^2 - 2v_s^2}{2(v_p^2 - v_s^2)} \tag{5-91}$$

式中:E_d——地基土的动弹性横量(MPa);

G_d——地基土的动剪切模量(MPa);

μ_d——地基土的动泊松比;

v_p——地基土的压缩波波速(m/s);

v_s——地基土的剪切波波速(m/s)。

3. 地基土卓越周期的计算

地基土卓越周期是评价建筑物的抗震性能以及用于隔振设计的重要指标。一旦建筑物的卓越周期与地基土的卓越周期接近或一致,在地震时,就会产生共振现象,导致建筑物的严重破坏,故而有必要对地基土的卓越周期进行了解。

地基土的卓越周期可通过对记录脉动信号作谱分析得到,由谱图中的最大峰值对应的频率确定卓越频率,进而得到地基土的卓越周期。地基土的卓越周期亦可通过覆盖层厚度内各层的剪切波波速予以估算,具体表达式为:

$$T = 4 \sum_{i=1}^{n} \left(\frac{H_i}{v_{si}} \right) \tag{5-92}$$

式中：H_i——计算深度范围内第 i 土层的厚度（m）；

　　　v_{si}——计算深度范围内第 i 土层的剪切波波速（m/s）。

4.进行砂土地基液化势的判别

判别饱和土层在地震荷载作用下是否液化，是工程抗振设计的一个很重要的环节。一般地基土只有在剪应变大于某一临界值后，才发生液化。根据各类砂土的试验结果，一般的临界液化应变值的范围在 1% ~ 2%，当应变小于该范围时，地基不会液化，而大于这一范围则会液化。另外，剪切波波速越大，土越密实，土层越不易液化。据此，国内外都在应用 v_s 来评价砂土或粉土地基的振动液化问题。

先求出场地液化时的临界剪切波波速 v_{scr}。而后与实测剪切波波速 v_s 比较，以此判定场地土液化的可能性。若 $v_{scr} \gg v_s$，则可能液化；若 $v_{scr} < v_s$，则不会液化。

临界剪切波波速与地震烈度、地震产生的剪应变、土层的埋深和刚度之间的关系为：

$$v_s = \sqrt{\frac{a_{max} z c_d}{r \left(G / G_{max} \right)}} \tag{5-93}$$

式中：a_{max}——地震最大加速度；

　　　z——土层的埋深（m）；

　　　c_d——深度修正系数（m），$c_d = 1 - 0.0133z$；

　　　γ——土体产生的剪应变；

G、G_{max}——土的动剪切模量、最大动剪切模量（MPa）。

在利用式（5-93）计算场地土的临界剪切波波速时，首先要已知土的临界剪应变（又称门槛应变）γ_{cr} 以及它所对应的模量比（G / G_{max}）。土的临界剪应变值与土的类型和埋深有关。常见的不同类型、不同埋深土的临界剪应变值列于表 5-30 中。

不同类型、不同埋深土的 γ_{cr} 参考值 表 5-30

土类	饱和砂		饱和粉细砂		饱和低塑性粉砂
埋深	深部	浅部	深部	浅部	深部
$\gamma_{cr}/10^{-4}$	1.0 ~ 2.0	1.5 ~ 1.8	2.0 ~ 2.5	2.6 ~ 3.0	3.2 ~ 3.7

5.检验地基加固处理效果

对场地在地基处理前后分别进行波速测试，有助于辅助常规荷载试验、静力触探试验等结果，为地基承载力的改善提供评价。这是因为，地层波速和地基承载力一般都与岩土密实度、结构等物理力学指标密切相关，从而使得波速与地基承载力之间亦能建立一定的联系，同时波速方法（如瑞利波法）测试效率高，掌握的数据面广，且成本较低，因此该法是对地基加固效果进行合理评价的一种经济而有效的手段。

参考文献

[1] 袁聚云,钱建固,张宏鸣,等.土质学与土力学[M].4版.北京:人民交通出版社,2009.

[2] 沈扬,张文慧.岩土工程测试技术[M].北京:冶金工业出版社,2013.

[3] 袁聚云,徐超,赵春风.土工试验与原位测试[M].上海:同济大学出版社,2004.

[4] 邢皓枫,徐超,石振明.岩土工程原位测试[M].2版.上海:同济大学出版社,2015.

[5] 孟高头.土体原位测试机理、方法及其工程应用[M].北京:地质出版社,1997.

[6] 王复明.岩土工程测试技术[M].郑州:黄河水利出版社,2012.

[7] 袁聚云.土工试验与原理[M].上海:同济大学出版社,2003.

[8] 林宗元.岩土工程试验监测手册[M].北京:中国建筑工业出版社,2005.

[9] 中华人民共和国行业标准.JTG E40—2007 公路土工试验规程[S].北京:人民交通出版社,2007.

[10] 中华人民共和国国家标准.GB 50021—2001 岩土工程勘察规范[S].北京:中国建筑工业出版社,2002.

[11] 中华人民共和国国家标准.GB 50007—2011 建筑地基基础设计规范[S].北京:中国建筑工业出版社,2012.

[12] 中华人民共和国国家标准.GB 50011—2010 建筑抗震设计规范[S].北京:中国建筑工业出版社,2010.